Band 18 · Februar 1982 **2**

isotopenpraxis

AKADEMIE-VERLAG

ISSN 0021–1915 Isotopenpraxis, Berlin 18 (1982) 2, 41–80

EVP 9,– M 32036

ISOTOPENPRAXIS

herausgegeben von J. Mühlenpfordt, Berlin · C. F. Weiss†, Leipzig

An unsere Autoren

Die Zeitschrift veröffentlicht Beiträge zu folgenden Themen: Kontrolle und Analyse radioaktiver und stabiler Isotope, Anwendung radioaktiver und stabiler Isotope in allen Gebieten der Forschung und Technik, der Industrie, Landwirtschaft und Medizin, Herstellung radioaktiver und stabiler Isotope sowie von markierten Verbindungen, kernelektronische Geräte für die Isotopenanwendung (Dickenmesser, Dichtemesser u. ä.) Detektoren für isotopentechnische Arbeiten und den Strahlenschutz in Isotopenlaboratorien, Meßtechnik und Strahlenschutz, Dosimetrie in Isotopenlaboratorien, kerntechnische Geräte für die Isotopenanwendung (Beton, Bestrahlungsanlagen u. ä.), Strahlenchemie, Radiochemie, ökonomische und perspektivische Fragen, Fragen der Weiterbildung.

1. Aufnahme von Manuskripten

Zur Veröffentlichung angenommen werden nur druckreife, noch nicht anderweitig publizierte Beiträge in deutscher, englischer oder russischer Sprache zum Themenbereich der Zeitschrift und zwar

- Originalarbeiten
- Kurze Originalmitteilungen
- Aus der Praxis
- Zusammenfassende Berichte
- Tagungsberichte
- Informationen.

Sind der Beitrag oder Teile daraus bereits veröffentlicht oder ist eine anderweitige Veröffentlichung vorgesehen, so muß dies der Redaktion mit genauer Angabe der Zweitveröffentlichung mitgeteilt werden. Mit der Annahme des Manuskriptes behält sich der Verlag das Recht der Vervielfältigung, Verbreitung und Übersetzung innerhalb der gesetzlichen Schutzfrist vor. Auszugsweiser Nachdruck oder photomechanische u. a. Wiedergabe sind an eine zugsweiser Nachdruck oder photomechanische u. a. Wiedergabe sind an eine schriftliche Genehmigung des Verlages gebunden. Manuskripte, Zeichnungen und Photos von veröffentlichten Arbeiten werden nur auf den besonderen und bis zum Zeitpunkt der Veröffentlichung mitgeteilten Wunsch des Autors zurückgesandt.

Bei der unverlangten Einreichung von Manuskripten wird empfohlen, eine Befürwortung eines der Herausgeber oder Redaktionsausschußmitglieder beizufügen.

Manuskripte sind einzureichen bei der Redaktion, 1080 Berlin, Leipziger Str. 3–4

2. Form der Manuskripte

Die Autoren werden gebeten:

2 Manuskripte, eines davon in Original-Maschinenschrift, einseitig und mit 2zeiligem Abstand einzureichen; gut leserliche Photokopien sind zulässig; auf dem 1. Blatt(unter Weglassung der Bezeichnung)

- den Titel der Arbeit
- Vorname-Initialen und Namen sämtlicher Autoren
- gegebenenfalls die Institution, in der sie tätig sind
- eine kurze Zusammenfassung der Arbeit von höchstens 15 Zeilen
- Keywords in alphabetischer Reihenfolge und
- als Fußnote die Anschrift der Institution anzugeben;

wenn möglich, auf gesonderten Blättern Namen, Titel der Arbeit und Zusammenfassung in den beiden anderen obengenannten Sprachen 2fach beizufügen;

Literaturhinweise (fortlaufend numeriert), Fußnoten, Tabellen, Abbildungen (in 2–3facher Veröffentlichungsgröße), Abbildungsunterschriften (getrennt von den Abbildungen, mit Zeichenerklärungen, Quellenangaben, falls erforderlich, und gegebenenfalls mit einem Vermerk für besondere Wünsche bezüglich der Abbildungsgröße), private und Dienstanschrift der Verfasser mit akademischen Titeln und ausgeschriebenen Vornamen uaf besonderen Blättern ans Ende des Manuskriptes zu stellen;

Wünsche für den Kolumnentitel (Seitenüberschrift) bekanntzugeben;

Absätze durch Einzüge von mindestens 3 Anschlägen kenntlich zu machen; die Maßeinheiten des SI-Systems ("Systeme International") zu verwenden; Korrekturen im Manuskript unmittelbar an der zu korrigierenden Stelle anzubringen;

Formeln deutlich lesbar und möglichst groß einzutragen;

Farbabbildungen und nachträgliche Änderungen oder Ergänzungen in Abbildungen zu vermeiden;

hervorzuhebende Textstellen zu unterstreichen, und zwar halbfetten Satz mit einer geraden schwarzen Linie, kursiven Satz (Schrägschrift) mit einer blauen Wellenlinie (alle Eigennamen). Sperrungen gestrichelt;

besondere Buchstaben durch farbige Unterstreichung zu kennzeichnen, und zwar Formelzeichen in

- Griechisch-Kursiv (α, β, ...) rot,
- Kursiv (A, B, ...) blau
- halbfetter Kursiv ($\boldsymbol{A}$, $\boldsymbol{B}$, ...) 2 Linien blau (Vektoren),
- halbfetter Grotesk (**A**, **B**, ...) 2 Linien violett (Tensoren);

bei Literaturangaben auf Vollständigkeit zu achten. In nachstehender Reihenfolge müssen angegeben sein:

a) bei *Zeitschriften*: Vorname-Initialen und Namen sämtlicher Autoren, Titel der Zeitschrift (nach „Periodica Chimica" oder möglichst wenig gekürzt), Bandnummer (unterstrichen), Jahreszahl (in Klammern), Heftnummer (nur bei Zeitschriften, die jedes Heft mit S. 1 beginnen) sowie die Seitenzahl, auf der die zitierte Arbeit beginnt.

b) Bei *Büchern*: Initialen der Vornamen und Name des Autors (Herausgeber werden durch den Zusatz „ed." gekennzeichnet), voll ausgeschriebener Titel des Buches in der Originalsprache, evtl. Bandnummer, voll ausgeschriebener Name des Verlages, Nummer der Auflage (außer der ersten), Erscheinungsort(e), Erscheinungsjahr (hier nicht in Klammern setzen!) und evtl. Kapitelnummer, Seitenzahl u. ä.

c) bei *Sammelbänden, Tagungsberichten*: Es soll zusätzlich der Titel des zitierten Beitrags angegeben werden. Die Seitenzahl muß unbedingt angegeben werden. Aus dem Zitat muß hervorgehen, ob es sich um einen Tagungssammelband oder um einen noch nicht veröffentlichten Vortrag handelt. Zwischen Tagungsort und Erscheinungsort des entsprechenden Tagungsberichts ist zu unterscheiden.

3. Korrekturen

Der Autor erhält zwei Umbruchabzüge, von denen einer möglichst schnell korrigiert an die Redaktion zurückgereicht werden soll. Auf Wunsch des Autors kann die Korrektur auch von der Redaktion gelesen werden.

Durch nachträgliche Manuskriptänderungen verursachte Korrekturkosten gehen, sofern sie 10% der Satzkosten übersteigen, zu Lasten des Autors.

Der Autor erhält 50 Sonderdrucke kostenlos. Weitere Sonderdrucke können bis zur Rückgabe der Korrekturabzüge auf Kosten des Autors bei der Redaktion bestellt werden.

Bezugsmöglichkeiten

Bestellungen sind zu richten

- in der DDR an den Postzeitungsvertrieb unter Angabe der Kundennummer des Bestellenden oder an den AKADEMIE-VERLAG, DDR-1086 Berlin, Leipziger Straße 3–4, PF-Nr. 1233
- im sozialistischen Ausland an eine Buchhandlung für fremdsprachige Literatur oder an den zuständigen Postzeitungsvertrieb
- in der BRD und Berlin(West) an eine Buchhandlung oder an die Auslieferungsstelle KUNST UND WISSEN, Erich Bieber OHG, D-7000 Stuttgart 1, Wilhelmstraße 4–6
- in den übrigen westeuropäischen Ländern an eine Buchhandlung oder an die Auslieferungsstelle KUNST UND WISSEN, Erich Bieber GmbH, CH-8008 Zürich, Dufourstraße 51
- im übrigen Ausland an den Internationalen Buch- und Zeitschriftenhandel; den Buchexport, Volkseigener Außenhandelsbetrieb der Deutschen Demokratischen Republik, DDR-7010 Leipzig, Postfach 160; oder an den AKADEMIE-VERLAG, DDR-1086 Berlin, Leipziger Straße 3–4

Zeitschrift „Isotopenpraxis"

Herausgeber: Im Auftrag des Akademie-Verlages herausgegeben von Prof. Dr. Justus Mühlenpfordt und Prof. Dr. Carl Friedrich Weiss†
Verlag: Akademie-Verlag, DDR-1086 Berlin, Leipziger Straße 3–4, PF-Nr. 1233; Fernruf: 2236221 oder 2236229; Telex-Nr.: 114420;
Bank: Staatsbank der DDR, Berlin, Kto.-Nr.: 6836-26-20712
Chefredakteur: Dr. Klaus Uhlig†, Berlin. Verantwortlich für den Inhalt des Heftes: Prof. Dr. H. Hübner, Leipzig
Anschrift der Redaktion (Fernruf Frau H. Schier: 6351177) der Zeitschrift Isotopenpraxis: Akademie-Verlag, DDR-1086 Berlin, Leipziger Str. 3–4, PF-Nr. 1233
Veröffentlicht unter der Lizenznummer 1527 des Presseamtes beim Vorsitzenden des Ministerrates der Deutschen Demokratischen Republik
Gesamtherstellung: VEB Druckerei „Thomas Müntzer", DDR-5820 Bad Langensalza
Erscheinungsweise: Die Zeitschrift „Isotopenpraxis" erscheint monatlich. Die 12 Hefte eines Jahrganges bilden einen Band. Bezugspreis je Band 180,– M zuzüglich Versandspesen Preis für die DDR 108,– M) Preis je Heft 15,– (Preis für die DDR 9,– M)
Bestellnummer dieses Heftes: 1079/18/2

AN (EDV) 12831

ISOTOPENPRAXIS

Band 18 (1982) Heft 2, S. 40–80

Redaktion und Verlag: Akademie-Verlag, Redaktion Isotopenpraxis, 1086 Berlin, Leipziger Straße 3–4

Inhaltsverzeichnis

(Fortsetzung des Inhaltsverzeichnisses auf der Rückseite des 2. gelben Blattes)

ISOTOPENPRAXIS

Band 18 (1982) Heft 2, S. 41–80

Redaktion und Verlag: Akademie-Verlag, Redaktion Isotopenpraxis, 1086 Berlin, Leipziger Straße 3–4

Contents

Progress Reports

G. Reinhard

Use of Radiotracer Techniques in Corrosion Research
Part I: Description of the Typical Operating Methods

Isotopenpraxis 18 (1982) No. 2, p. 41 to 46
4 Fig., – Tab., 105 Ref.

Radioactive tracer techniques may be used in corrosion research for the detection and characterization of corrosion, dissolution, adsorption, layer formation, permeation and diffusion processes. In this paper the typical operating methods are described, which were developed for investigations of these problems.

Articles

K. Kobayashi, K. Kudo

Instrumental Neutron Activation Analysis of Trace Elements in a Resist Used in the LSI Process (*in English*)

Isotopenpraxis 18 (1982) No. 2, p. 47 to 50
3 Fig., 2 Tab., 3 Ref.

Trace elements, especially sodium, in a resist used for the fabrication process of integrated circuits were determined by instrumental neutron activation analysis (INAA). The determination of trace impurities in five resists was carried out, and the sodium contents obtained in AZ-1350 and AZ-1350J of commercial resists were higher than those of other ones. The sodium contents in the silicon dioxide layer and the silicon substrate prior to the coating of the resist were 0·02 ng and 1·2 ng, respectively. The content of sodium in AZ-1350 resist coated on the silicon substrate was 95 ng. After ashing the resist by the oxygen-plasma, 60 ng of sodium contaminant remained on the silicon dioxide layer and 14 ng of sodium was observed in the silicon substrate. The amounts of sodium in the silicon dioxide layer and the silicon substrate increased remarkably during the resist ashing process.

R. Kluge, W. Podlesak, H. Reuter

Determination of Boron Distribution in Plant Organs by Means of Neutron-Induced Autoradiography

Isotopenpraxis 18 (1982) No. 2, p. 51 to 53
4 Fig., – Tab., 7 Ref.

The distribution of B in plant organs can be qualitatively displayed and quantitatively determined by neutron-induced autoradiography (NIAR), using dielectric track detectors. Preliminary tests with potato leaves proved this. The detection limit is some ppm B in absolutely dry plant tissue. Semiquantitative interpretation of the autoradiograms by classing the trace density by means of the photo interpreter "Densitron" offers favourable possibilities for survey analyses. In this way and using standards you can select ranges of B-content which allow sufficient evaluation of the distribution of B in plant organs. The expense in work and time is still justifiable.

M. Geisler, H. Schelhorn

On the Correction of Neutron Flux Inhomogeneities in Reactor Activation Analysis

Isotopenpraxis 18 (1982) No. 2, p. 54 to 57
2 Fig., 2 Tab., 7 Ref.

A simple correction method for neutron flux inhomogeneities in reactor activation analysis basing on activation of an iron-monitor for each sample is described. The limits of use are calculated and the efficiency is demonstrated on an example.

Содержание

Аналитические обзоры

Г. Райнхардт

Применение радиоизотопной техники в области исследования коррозии
Часть 1: Описание типичных опытных методов

Isotopenpraxis 18 (1982), вып. 2, стр. 41 до 46
2 рис., – табл., 105 лит.

Методы радиоизотопной техники применимы в области исследования коррозии для доказания и характеризации процессов коррозии, растворения, адсоробции, образования слоев, пермеации и диффузии. В статье описаны развитые для этой цели методики.

Статьи

К. Кобаяжи, К. Кудо

Нейтронно-активационный анализ микроэлементов в покрывающем материале, используемом в процессе LSI (*наангл. языке*)

Isotopenpraxis 18 (1982), вып. 2, стр. 47 до 50
3 рис., 2 табл., 3 лит.

С помощью инструментального нейтронно-активационного анализа определялись микроэлементы, в частности натрий, в используемом для изготовления совмещенных схем покрывающем материале. В пяти покрывающих материалах были выявлены микрозагрязнения, причем содержание натрия в AZ-1350 и в AZ-1350J коммерческих покрывающих материалов было выше чем у других. До нанесения покрывающего материала содержание натрия в слое двуокиси кремния и в кремневом субстрате составляло 0,02 и 1,2 ng соответственно. Содержание натрия в нанесенном на кремневый субстрат покрывающем материале AZ-1350 составляло 95 ng. После озоления в кислородной плазме на слое двуокиси кремния осталось 60 ng натриевого загрязнения, а в кремневом субстрате было установлено 14 ng натрия. Количества натрия в слое двуокиси кремния и в кремневом субстрате заметно повысились в процессе озоления покрывающего материала.

Р. Клуге, В. Подлесак, Х. Ройтер

Определение распределения бора в органах растений с помощью индуцированной нейтронами авторадиографии

Isotopenpraxis 18 (1982), вып. 2, стр. 51 до 53
4 рис., – табл., 7 лит.

Можно и качественно изображать и количественно определять распределение бора в органах растений при помощи нейтронно-индуктированной авторадиографии и при использовании детектора следов в твердых телах. Первые исследования с листьями картофеля доказывают это. Предел чувствительности метода – несколько мг бора на кг абсолютно сухой ткани растений. Полуколичественное подведение авторадиограмм разрядом плотности следов при помощи прибора для подведения фото типа „Денситрон“ дает удобную возможность на обзорные исследования. Таким образом при использовании стандартов можно выделять пределы содержания бора, которые позволяют достаточно точную оценку распределения бора в органах растений. Затрата работы и времени еще оправдана.

М. Гайслер, Х. Шелхорн

Об исправлении неравномерного потока нейтронов в активационном анализе ядерным реактором

Isotopenpraxis 18 (1982) вып. 2, стр. 54 до 57
2 рис., 2 табл., 7 лит.

Описывается простой метод исправления неравномерного потока нейтронов в активационном анализе ядерным реактором. Он базируется на активации железных мониторов вместе с каждым образцом. Оценивается область применения и на примере демонстрируется эффективность этого метода.

Fortschrittsberichte

STAND UND ENTWICKLUNGSTENDENZEN AUF DEM GEBIET DER ISOTOPENANWENDUNG

Die Anwendung der Radiotracertechnik in der Korrosionsforschung Teil I: Beschreibung typischer Arbeitsmethoden

G. Reinhard

(Technische Universität Dresden, Sektion Chemie, Wissenschaftsbereich Elektrochemie) [1])

Die Methoden der Radiotracertechnik können in der Korrosionsforschung zum Nachweis und zur Charakterisierung von Prozessen der Korrosion, der Auflösung, der Adsorption, der Schichtbildung, der Permeation und der Diffusion angewendet werden. Im vorliegenden Aufsatz werden die dafür entwickelten typischen Arbeitsmethoden beschrieben.

Keywords

corrosion; isotope applications; radioisotopes; reviews; tracer techniques

1. Einleitung

Finden zwischen einem Metall und einem angrenzenden Medium thermodynamisch freiwillige chemische und/oder elektrochemische Reaktionen statt, die eine unerwünschte Zerstörung des metallischen Gefüges zur Folge haben, dann bezeichnet man diesen Prozeß bekanntlich als Korrosion.

Bei der Aufklärung spezieller Korrosionsmechanismen und der Ausarbeitung wirksamer Schutzverfahren hat sich auch die Radiotracertechnik einen festen Platz erobert. Für ihre Anwendung ergeben sich die folgenden prinzipiellen Varianten:

Es wird ein bestimmter Bestandteil des Korrosionsmediums radioaktiv markiert. Dadurch ist man in der Lage, die Adsorption dieser ausgewählten Komponente an der Metalloberfläche bzw. ihren Einbau in eine auf dem Metall bereits vorhandene Deckschicht durch Radioaktivitätsmessungen zu ermitteln. Anschließende autoradiographische Aufnahmen können zusätzliche Aussagen über die lokale Verteilung des markierten Bestandteils an der Festkörperoberfläche liefern.

Außerdem ist es dann möglich, durch kontinuierliche oder diskontinuierliche Registrierung der Radioaktivität des Korrosionsmediums die Konzentration der markierten Komponente zu bestimmen. Dadurch kann beispielsweise erfaßt werden, ob sich dieser Bestandteil mit der Zeit aus dem Korrosionsmedium durch physikalische Vorgänge (Verflüchtigung u. a.) oder chemische Reaktionen (Fällung mit Korrosionsprodukten usw.) abreichert.

Es wird das Metall radioaktiv markiert. Das kann sowohl durch Neutronenaktivierung als auch durch Einbau markierter Legierungskomponenten in das Metall über die Schmelze oder durch Abscheidung eines markierten Metallfilms auf einem metallischen Substrat erfolgen. Das bringt den Vorteil, daß man durch Radioaktivitätsmessungen beispielsweise die Zeitfunktion des durch Korrosion bewirkten Phasenübergangs von Metallionen aus dem Metallverband in das benachbarte Korrosionsmedium ermitteln kann.

Markierungen von festen, flüssigen oder gasförmigen Medien. Dadurch gelingt es, so diffizile Probleme wie das Herauslösen von Pigmenten aus organischen Beschichtungen während der Beanspruchung in verschiedenen Modellatmosphären, das Permeationsverhalten von Lackfilmen für bestimmte Spezies oder die Mitabscheidung von Badbestandteilen bei der Elektrotauchlackierung zu untersuchen. Die dabei gewonnenen Erkenntnisse sind für die Optimierung der Korrosionsschutzeigenschaften von Beschichtungssystemen besonders bedeutsam.

Anwendung der Aktivierungsanalyse. Dieses Verfahren eignet sich im Rahmen der Korrosionsforschung insbesondere zum Nachweis geringer, für die Theorie der Korrosion aber bedeutsamer Veränderungen in der Zusammensetzung metallischer Werkstoffe in Abhängigkeit von der Expositionszeit in einem bestimmten Korrosionsmedium und empfiehlt sich außerdem zur Spurenanalyse von Korrosionsprodukten.

Die Zahl der bisher erschienenen Arbeiten zur Anwendung der Radiotracertechnik in der Korrosionsforschung ist sehr umfangreich. Ihre Auswertung wird daher in mehreren Aufsätzen schwerpunktbezogen vorgenommen. Dabei ist beabsichtigt, das Verallgemeinerungswürdige zusammenfassend herauszuarbeiten und die Interpretation des Faktenmaterials auf der Basis des modernen Erkenntnisstandes der einschlägigen Wissenschaftsdisziplin vorzunehmen, sofern die betreffenden Originalarbeiten dafür hinreichend informativ abgefaßt sind.

Vorangestellt wird eine Beschreibung typischer Arbeitsmethoden der Radiotracertechnik, die für Untersuchungen spezieller Korrosionsprobleme bisher zur Anwendung kamen. Damit soll der Tatsache Rechnung getragen werden, daß gerade die Kenntnis experimenteller Details für die theoretische Verarbeitung der mit den einzelnen Methoden erhaltenen Ergebnisse von ausschlaggebender Bedeutung ist.

2. Nachweis der Aufnahme von Bestandteilen eines Mediums an festen Grenzflächen

Aus gasförmigen und flüssigen Medien können Bestandteile an feste Grenzflächen hauptsächlich durch Adsorption, Ausbildung fester Deckschichten und Ionenaustausch gebunden werden. Derartige Prozesse treten bei Korrosions- und Passivierungsvorgängen von Metallen häufig

[1]) Anschrift: DDR-8027 Dresden, Mommsenstr. 13

auf. Für ihren experimentellen Nachweis mittels radioaktiver Markierung des betreffenden Medienbestandteils haben sich im wesentlichen die im folgenden beschriebenen 5 Arbeitsmethoden herausgebildet.

2.1. *Erfassung der Oberflächenradioaktivität nach Immersion (Methode A)*

Bei dieser Methode wird die Metallprobe in ein Gefäß eingebracht, in dem der radioaktiv markierte Stoff flüssig oder gasförmig vorliegt. Nach einer bestimmten Expositionszeit unter definierten Bedingungen (p, T, Zusammensetzung des jeweiligen Mediums) wird die Probe wieder entnommen und die spezifische Radioaktivität ihrer Oberfläche mittels einer für die betreffende Strahlungsart geeigneten Meßeinrichtung ermittelt.

Vorteilhaft an dieser Methode ist ihre Unkompliziertheit. Außerdem ermöglicht sie die Anwendung der Autoradiographie zur Untersuchung der lokalen Verteilung der radioaktiven Spezies auf der Oberfläche.

Wird Methode A zur Charakterisierung von Adsorptionsvorgängen eingesetzt, dann ist zu berücksichtigen, daß der zu untersuchende Prozeß durch den zur Radioaktivitätsmessung erforderlichen Wechsel des Mediums beeinflußt werden kann. Sofern die Exposition in einem flüssigen Medium erfolgte, ist außerdem abzusichern, daß an der Probe lose anhaftende radioaktive Lösung vor der Messung entfernt wird. Dazu muß in Vorversuchen je nach Art des adsorbierten Stoffes ein Spülmittel gefunden werden, das lediglich diesen lose anhaftenden Lösungsanteil aufnimmt, ohne eine Desorption der echt adsorbierten Spezies einzuleiten. Haben sich unter Mitwirkung radioaktiv markierter Bestandteile eines flüssigen Mediums Deckschichten auf einem Metallsubstrat als selbstständige Phase gebildet, dann ist dieser Spülprozeß im allgemeinen unproblematischer, da die Auflösungsgeschwindigkeit von Korrosionsprodukt-Deckschichten gewöhnlich wesentlich geringer als die Desorption adsorbierter Spezies ist.

Unter den Arbeitsmethoden der Radiotracertechnik, die bisher in der Korrosionsforschung angewandt wurden, ist das „post-immersion-counting" das historisch erste und bisher auch am häufigsten eingesetzte Verfahren. In zahlreichen Publikationen [1–36] sind dazu auch experimentelle Einzelheiten beschrieben worden.

Für spezielle Problemstellungen wurde diese Methode A so modifiziert, daß die den Adsorptionsfilm oder die radioaktive Deckschicht tragende Metallprobe nach der Exposition abschnittsweise oder vollständig aufgelöst und anschließend mittels Radioaktivitätsmessungen die Konzentration des in Lösung gegangenen markierten Adsorbats oder Schichtbestandteils bestimmt wurde [36–40].

2.2. *Messung der Abreicherungsrate im Korrosionsmedium (Methode B)*

Führen die Wechselwirkungen eines markierten Bestandteils des Korrosionsmediums am festen Probenmaterial zu einer deutlichen Verringerung der spezifischen Radioaktivität dieses Mediums, dann kann ihre Messung in Abhängigkeit von der Expositionszeit zur Ermittlung der pro Flächeneinheit aufgenommenen Stoffmenge ausgenutzt werden. Diese Verfahrensweise besitzt gegenüber der Methode A den Vorteil, daß sich damit auch Adsorptionsprozesse mit relativ niedrigen Wechselwirkungsenergien in situ verfolgen lassen, denn zur Radioaktivitätsmessung muß die immergierte Metallprobe nicht aus dem Korrosionsmedium entfernt werden. Um einen relativ hohen Effekt zu erreichen, ist es zweckmäßig, die Metallprobe im Vergleich zum Volumen des radioaktiv markierten Mediums möglichst groß zu dimensionieren.

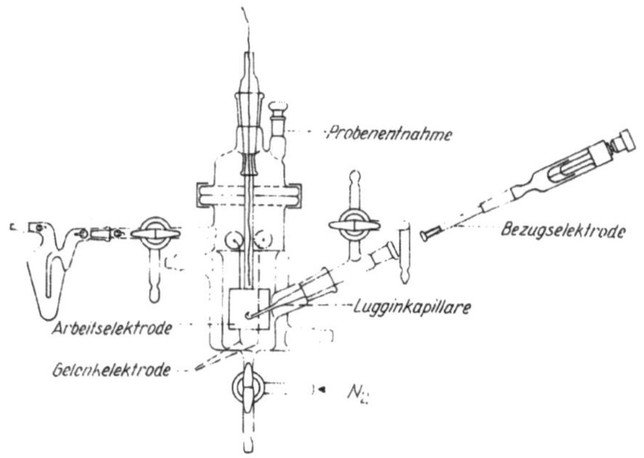

Abb. 1. Elektrochemische Meßzelle mit der Möglichkeit der Probenentnahme für Radioaktivitätsmessungen (Methode B)

Abb. 1 zeigt eine Meßzelle für elektrochemische Untersuchungen der Korrosion von Metallen, die zur gleichzeitigen Anwendung der Radiotracertechnik eine Probenentnahmestelle besitzt [41]. Um zu vermeiden, daß das korrodierende System durch die häufigere Entnahme von markierter Lösung unkontrolliert beeinflußt wird, kann man den Elektrolyten z. B. auch mittels einer Schlauchquetschpumpe ständig durch den Meßeinsatz eines Bohrlochkristalls im Kreislauf führen [42] und die Abreicherung des markierten Stoffs aus dem Medium kontinuierlich registrieren.

Nachteilig an Methode B ist, daß sich damit prinzipiell nur der Übergang solcher Spezies aus dem Korrosionsmedium in die Grenzschicht des festen Substrats erfassen läßt, deren Konzentration in diesem Medium nur sehr gering ist, da sich ansonsten keine meßbaren Abreicherungsraten ergeben. Weiterhin lassen sich die Wechselwirkungen selbst nicht lokalisieren. Man erhält beispielsweise keine Information über bevorzugt zur Adsorption neigende Oberflächenbereiche einer exponierten Metallprobe, deren Kenntnis aber für die Aufklärung von Korrosions- und Inhibitionsmechanismen bedeutungsvoll ist. Schließlich kann die Abreicherung der markierten Spezies aus dem Korrosionsmedium auch durch deren Adsorption an den Innenwänden der experimentellen Einrichtung zustande kommen [43]. Diese Fehlerquelle der Methode B läßt sich nur schwer ausschalten.

Wegen der genannten Nachteile beschränkt sich die Anwendung der Methode B innerhalb der Korrosionsforschung bisher nur auf relativ wenige Problemstellungen [22, 23, 26, 44–48].

2.3. *Radioaktivitätsmessung hinter dünnen Metallfilmen (Methode C)*

Diese Methode wurde vorzugsweise für Adsorptionsuntersuchungen an in Vakuumanlagen erzeugten Metallfilmen entwickelt [5, 7, 13, 14, 22, 23, 49–55], sie ist jedoch inzwischen auch zur Aufklärung der elektrochemischen Doppelschicht an Edelmetallelektroden modifiziert worden [56–58]. Ihr Prinzip ist aus Abb. 2 erkennbar. Der an ein Vakuumpumpensystem angeschlossene Glaskolben besitzt eine mit einer dünnen Glimmerscheibe versehene Stelle, an der auch die Strahlungsmeßsonde angeordnet ist. Nachdem die Innenfläche des Glaskolbens und des Glimmerfensters durch Metallbedampfung mit einem gleichmäßigen

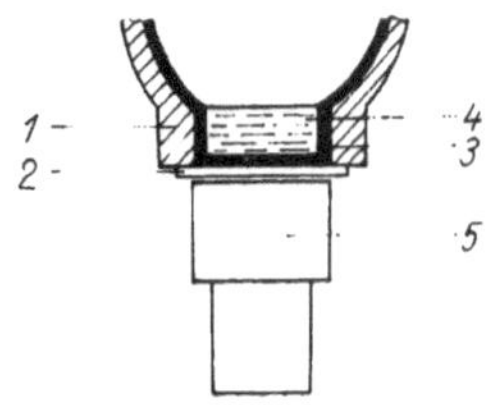

Abb. 2. Ausschnitt einer Einrichtung zur Messung der Radioaktivität hinter Metallfilmen (Methode C)

1 – Teil des Glasrezipienten; 2 – Glimmerscheibe als Substrat des Metallfilms; 3 – Metallfilm; 4 – Korrosionsmedium; 5 – Strahlungsmeßsonde

Metallfilm beschichtet ist, erfolgt das Einleiten des markierten, gasförmigen oder flüssigen Korrosionsmediums. Dabei können am Metallfilm stattfindende Adsorptions- und Schichtbildungsvorgänge mit der Strahlungsmeßsonde am Glimmerfenster verfolgt werden, sofern die Energie der emittierten γ-Strahlung einen von der Ordnungszahl des betreffenden Metalls und seiner Schichtdicke abhängigen Schwellenwert übersteigt und den Metallfilm sowie das Glimmersubstrat durchdringen kann. Andererseits darf diese Energie jedoch nicht so hoch sein, daß die aus dem Volumen des markierten Mediums bereits resultierende Impulszählrate den sicheren Nachweis der durch Wechselwirkungen am Metallfilm erfolgten „Anhäufung" markierter Partikel nicht mehr gestattet.

Für die Anwendung der Methode C sind Markierungen mit β-Strahlern am vorteilhaftesten, denn dann kann man zum Nachweis ihrer Wechselwirkungen am Metallfilm die entstehende Bremsstrahlung ausnutzen, für die aus dem Volumen des markierten Mediums stets nur ein vernachlässigbar minimaler Untergrund resultiert.

2.4. *Radioaktivitätsmessung an der Metalloberfläche bei Existenz einer dünnen Flüssigkeitsschicht (Methode D)*

Wie in Abb. 3 dargestellt ist, wird bei dieser Methode die Meßsonde gegenüber der Metalloberfläche so angeordnet, daß der Zwischenraum stets von dem markierten Korrosionsmedium als dünner Flüssigkeitsschicht durchströmt wird. Die Radioaktivität dieses Mediums wird

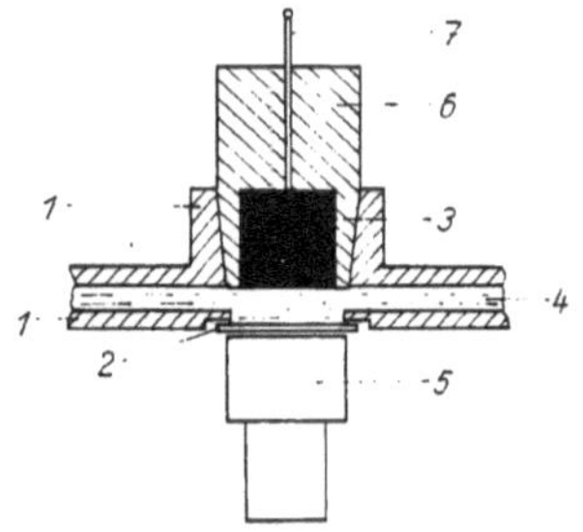

Abb. 3. Anordnung zur Radioaktivitätsmessung an Metalloberflächen bei Existenz einer strömenden Flüssigkeitsschicht (Methode D bzw. E)

1 – Zelle aus Glas oder Kunststoff; 2 – Glimmerfenster; 3 – Metallelektrode; 4 – Korrosionsmedium; 5 – Strahlungsmeßsonde; 6 – Isolierung der Metallelektrode (Epoxidharz); 7 – Elektrische Kontaktierung

demnach ständig mit registriert. Sie muß so dimensioniert werden, daß sich die durch Adsorption, Schichtbildung, Ionen- oder Isotopenaustausch erfolgende Anreicherung markierter Spezies an der Metalloberfläche als Radioaktivitätszunahme an der Meßstelle äußert. Auch wenn sich das nicht bei jedem interessierenden Isotop realisieren läßt, scheint Methode D doch für die kontinuierliche Charakterisierung elektrochemischer Meßobjekte in markierten Elektrolytlösungen prädestiniert zu sein. Trotzdem ist sie bisher nur relativ wenig zum Einsatz gekommen [22, 23, 26, 59–63].

2.5. *Bestimmung der Isotopenaustauschrate im Adsorptionsgleichgewicht (Methode E)*

Die Metallprobe wird bei dieser speziell für Adsorptionsuntersuchungen entwickelten Methode so in einer radioaktiv markierten Elektrolytlösung exponiert, daß – wie bei Methode D (vgl. Abb. 3) – mit Hilfe einer gegenüber dieser Probe angeordneten Strahlungsmeßsonde die sich durch eine Zunahme der Radioaktivität der Metalloberfläche äußernde Adsorption verfolgt werden kann. Sobald das durch eine zeitlich konstante Radioaktivität gekennzeichnete Adsorptionsgleichgewicht erreicht ist, wird die radioaktiv markierte Lösung schnell gegen eine nichtradioaktive Lösung gleicher Zusammensetzung ausgewechselt, wobei die Metallprobe stets mit Elektrolyt bedeckt bleibt und auch stabil elektrochemisch polarisiert werden kann. Die während der ersten 6 Sekunden an der Probe vorbeiströmende Lösung wird als Waschlösung verworfen. In dem danach mit der Probe in Kontakt befindlichen, mit konstanter Strömungsgeschwindigkeit zirkulierenden Elektrolyten kommt es zum Isotopenaustausch der markierten Spezies in der Adsorptionsschicht auf der Metalloberfläche mit den entsprechenden nichtradioaktiven Partikeln des flüssigen Mediums. Die dadurch resultierende Zunahme der Radioaktivität dieser Lösung wird mit einer zweiten Strahlungsmeßsonde registriert. Simultan dazu kann auch die durch den Isotopenaustausch bedingte Abnahme der Radioaktivität auf der exponierten Metallprobe gemessen werden.

Aus der nach dem Waschprozeß auf der Metalloberfläche verbleibenden Radioaktivität läßt sich die Dicke der Adsorptionsschicht berechnen, während aus der Geschwindigkeit des Isotopenaustauschs und der Form der Radioaktivitäts-Zeit-Kurven Aussagen über die Kinetik und den Mechanismus der Adsorption abgeleitet werden [64, 65].

Bei der Anwendung von Methode E läßt sich der Einfluß des mit der Erhöhung der Adsorbatkonzentration bedingten stark zunehmenden radioaktiven Backgrounds auf den Adsorptionsprozeß eliminieren. Das ist insbesondere für Untersuchungen zur Abhängigkeit der Adsorption vom Elektrodenpotential bedeutsam, da es hierfür erforderlich ist, reproduzierbare thermodynamische Aktivitäten einzustellen und Radiolyseeffekte weitestgehend auszuschalten.

Methode E benötigt allerdings relativ kompliziert aufgebaute experimentelle Einrichtungen sowie einen hohen Bedarf an Elektrolytlösung und ist in ihrer Anwendbarkeit auf γ-Strahler beschränkt. Sie läßt sich in meßtechnischer Hinsicht auch als Kombination der Methoden B und D auffassen. Daraus kann allgemein resümiert werden, daß sich zur Untersuchung bestimmter Problemstellungen häufig günstige experimentelle Bedingungen erreichen lassen, wenn die einzelnen Methoden miteinander kombiniert angewandt werden, da sich mit den dann zugänglichen, sich ergänzenden Meßergebnissen viele Fehlermöglichkeiten ausschließen lassen.

3. Arbeitsmethoden zur Untersuchung von Auflösungsprozessen

In der Korrosionsforschung sind 2 Arten von Auflösungsprozessen von besonderem Interesse:

– die chemische Umsetzung eines Metalls in einem vorgegebenen Medium als eigentliche Korrosionsreaktion und
– der Abbau von Oberflächendeckschichten, die ihr Metallsubstrat gegenüber dem jeweils angrenzenden Medium vor Korrosion schützen sollen.

Für ihre Charakterisierung mittels Radiotracertechnik stehen hauptsächlich die nachfolgend beschriebenen Arbeitsmethoden zur Verfügung.

3.1. *Einsatz aktivierter Metallelektroden (Methode F)*

Werden durch Teilchenbeschuß aktivierte Metallelektroden anschließend in ein flüssiges Medium getaucht, dann kann die Zeitfunktion der Korrosion einfach aus der Zunahme der spezifischen Radioaktivität des Mediums ermittelt werden. Bisher kamen für derartige Untersuchungen meist Metallproben zum Einsatz, die in einem Kernreaktor durch Neutronen aktiviert worden waren [66–81]. Dabei wurden gewöhnlich Meßzellen verwendet, die der in Abb. 1 gezeigten entsprechen. Die Messung der Radioaktivität kann dabei entweder diskontinuierlich durch periodische Probenentnahme oder kontinuierlich durch Umpumpen des flüssigen Mediums zwischen Zelle und der Meßküvette eines Strahlungsdetektors erfolgen. Mit den entwickelten Versuchsanordnungen lassen sich Korrosionsgeschwindigkeiten von weniger als $1\ mg \cdot m^{-2} \cdot d^{-1}$ sicher bestimmen, wenn γ-Strahlung emittierende Nuklide mit Halbwertszeiten $t_{1/2} \geqq 1$ d vorliegen [71, 76, 80, 81]. Zum Nachweis der selektiven Auflösung einzelner Elemente aus Legierungen wurde in den vergangenen Jahren die γ-Spektrometrie optimiert, indem die früher üblichen NaJ(Tl)-Detektoren mehr und mehr durch Halbleiterdetektoren (zumeist auf Ge(Li)-Basis) ersetzt wurden, wodurch der empfindliche Nachweis mehrerer Elemente nebeneinander bei kontinuierlicher Arbeitsweise möglich wird [71–73, 77, 79 bis 82].

Voraussetzung für die Anwendbarkeit der Methode F zur Bestimmung von Korrosionsraten ist, daß die Korrosionsprodukte vollständig im flüssigen Medium aufgelöst werden. Das ist bei den üblichen Gebrauchsmetallen nur in stark sauren Elektrolyten gewährleistet.

Methode F läßt sich in modifizierter Form auch zur Messung der Auflösungsrate von Deckschichten anwenden [36, 38, 39, 41, 42, 75]. Dazu muß die Bildung der Deckschicht auf dem Metallsubstrat in einer radioaktiv markierten Lösung erfolgt sein, so daß sich ihre anschließende Auflösung in einem inaktiven Medium wieder durch Radioaktivitätsmessungen verfolgen läßt.

3.2. *Aktivierungsanalytische Charakterisierung des Korrosionsmediums (Methode G)*

Zur Bestimmung niedriger Auflösungsraten von Metallen und Oberflächendeckschichten in flüssigen Medien ist prinzipiell auch die Aktivierungsanalyse geeignet [83, 84]. Ihre Anwendung wäre an die periodische Entnahme von Aliquoten aus dem Korrosionsmedium, deren anschließende Aktivierung und γ-spektrometrische Charakterisierung der entstandenen radioaktiven Nuklide gebunden. Dadurch tritt aber zwischen Probenentnahme und Verfügbarkeit des Meßergebnisse eine hauptsächlich von der Aktivierungsdauer abhängige Zeitverzögerung auf, die sich vor allem bei Untersuchungen schnellverlaufender Korrosionsprozesse als Nachteil erweist. Offensichtlich ist das der Grund, weshalb die Aktivierungsanalyse bisher im Rahmen der Korrosionsforschung noch nicht zur unmittelbaren Verfolgung von Korrosionsreaktionen, sondern nur in Metallen [84–87] und wäßrigen Medien [75, 88, 89] eingesetzt wurde. Dadurch konnten allerdings wichtige Voraussetzungen zur Erfassung des Einflusses bestimmter Stoffspuren auf den jeweiligen Korrosionsmechanismus geschaffen werden.

3.3. *Tritiumbestimmung in der Gasphase (Methode H)*

Bei der Auflösung von Metallen in Säuren, die außer den Protonen keine weiteren reduzierbaren Spezies enthalten, ist die nach der kathodischen Teilreaktion

$$2\ H_3O^+ + 2e^- \rightleftharpoons H_2 + 2\ H_2O \qquad (1)$$

gebildete Menge Wasserstoff der Auflösungsrate des immergierten Metalls äquivalent. Extrem kleine Auflösungsraten werden dann zugänglich, wenn man die Elektrolytlösung mit ^3H markiert und nach bestimmten Expositionszeiten die Tritiumkonzentration in der Gasphase ermittelt.

Zur Anwendung dieser Methode wird eine gasdichte Versuchszelle benötigt, in der sich die zu untersuchende Metallprobe sowie der ^3H-markierte Elektrolyt befinden und die an eine Vakuumapparatur zur Aufnahme des tritiumhaltigen Wasserstoffgases angeschlossen ist. Dafür sind entsprechende experimentelle Einrichtungen einschließlich der ^3H-Messung mit Gaszählrohren in Antikoinzidenzschaltung entwickelt worden [90–92], die sich auch zum Nachweis des durch Reaktion von Metallen mit H_2O bzw. H_2S in der Gasphase gebildeten Wasserstoffs bewährt haben [52, 55, 90].

4. Arbeitsmethoden für weitere Problemstellungen

In der jüngeren Vergangenheit sind zur Bearbeitung spezieller Problemstellungen der Korrosionsforschung einige Arbeitsmethoden der Radiotracertechnik entwickelt worden, die zu aufschlußreichen Ergebnissen führten und sich dadurch für eine breitere Anwendung empfehlen.

4.1. *Autoradiographie von Verteilungsprofilen (Methode I)*

Viele Metalle neigen unter bestimmten Versuchsbedingungen zur Aufnahme von Wasserstoff. Bei Stählen kann das in bevorzugten Temperaturbereichen zur Entkohlung bzw. zur Wasserstoffversprödung führen. Um diese Formen der chemischen Korrosion zu verhindern, ist es erforderlich, die empfindlichen Temperaturbereiche für möglichst viele Stahlsorten in Abhängigkeit vom H_2-Partialdruck zu ermitteln. Eine elegante Methode dafür stellt die Autoradiographie von Metallproben dar, die einer ^3H-markierten Gasphase ausgesetzt waren. Hinsichtlich des Zuschnitts der Probenkörper, der Auswahl des geeigneten Filmmaterials und der Auswertung der Autoradiogramme ist diese Methode bereits weitgehend optimiert worden [93, 94].

4.2. *Korrosionsrate aus der Emission eines radioaktiven Edelgases (Methode K)*

Wird eine Metallprobe mit Edelgasionen bei relativ niedrigen Energien beschossen, dann werden diese innerhalb der Oberfläche mit einem von der Beschußenergie abhängigen Tiefenprofil angereichert. Diese „Speicherzone" liegt beispielsweise bei 40-keV-Xe-Ionen in Metallen wie Al, Ag, W, Cu, Ni und Ti zwischen 10 und 30 nm. Da sie in dem Maße wieder abgebaut wird, wie sich die Metalloberfläche durch Reaktion mit Sauerstoff in eine Oxidschicht umwandelt, kann die Messung der Edelgasemission zur Bestimmung der Korrosionsrate von Metallen in der Gasphase ausgenutzt werden. Dieses Verfahren läßt sich bei Verwendung radioaktiver Edelgase wie Kr und Xe besonders empfindlich gestalten, da sich dann die Emission durch Radioaktivitätsmessungen erfassen läßt [95, 96]. Die Oxydationsrate von bestrahltem Uran wird übrigens auch durch Messung der Emission der Spaltgase Kr und Xe zugänglich [97].

4.3. *Permeationsmessungen (Methode L)*

Ausgehend von der Überlegung, daß organische Deckschichten auf Metalloberflächen eine um so bessere Barriere für den Korrosionsprozeß darstellen müssen, je geringer durchlässig sie für Wasser und darin gelöste Bestandteile sind, wurden bereits umfangreiche Permeationsmessungen an freien Modellmembranen typischer Beschichtungsstoffe durchgeführt. Das durch Osmose permeierende Wasser konnte dabei günstig durch ^3H-Markierung nachgewiesen werden [98–101], während für die Messung der Diffusion von Ionen ebenfalls entsprechende radioaktive Markierungen vorgenommen wurden [99–102].

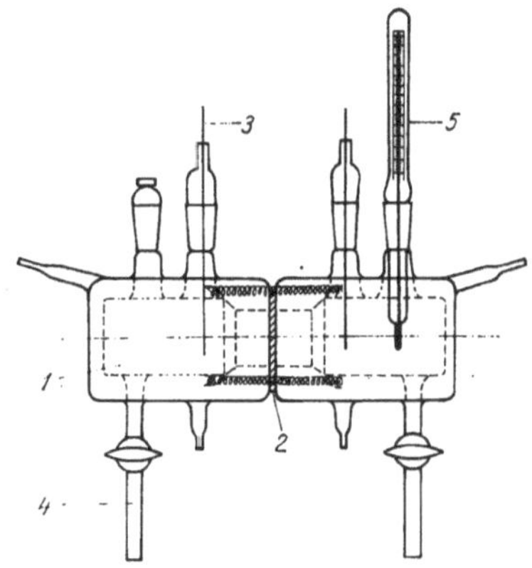

Abb. 4. Thermostatierbare Doppelzelle für Permeations- und Diffusionsuntersuchungen an freien Membranen

1 – Innenraum zur Elektrolytaufnahme; 2 – Eingespannte Membran; 3 – Inerte Elektroden zur Messung des Membranpotentials; 4 – Anschlußstutzen zum Transport der Elektrolytlösung durch ein Strahlungsmeßsystem; 5 – Thermometer

Für die Permeationsmessungen mit radioaktiv markierten Systemen hat sich die in Abb. 4 dargestellte Doppelzelle prinzipiell bewährt [99]. Sie ist thermostatierbar und sowohl für diskontinuierliche als auch für kontinuierliche Messungen der Radioaktivität beider flüssigen Phasen geeignet. Darüber hinaus können in sie auch inerte Elektroden (Pt) zur Registrierung von Membranpotentialen eingebracht werden.

5. Zur Aufstellung von Zählrate — Masse — Korrelationen

Zur Umrechnung der durch Radioaktivitätsmessungen erhältlichen Impulszählraten in Massenanteile bedient man sich gewöhnlich des Standardvergleichsverfahrens. Dabei vergleicht man die hinsichtlich des Nulleffekts und des Meßgerätestandards korrigierte Impulszählrate Z_p einer Probe mit der unter weitestgehend gleichen Meßbedingungen ermittelten Impulszählrate Z_s einer als Standardpräparat dienenden bekannten Menge n_s (mol) des jeweiligen markierten Stoffes. Handelt es sich, wie bei den Methoden B, F und L, um die Messung flüssiger Medien, dann kann man dazu einfach die Impulszählraten gleicher Volumina der markierten Lösungen benutzen. Bei der Charakterisierung markierter Adsorptionsfilme und Deckschichten muß darüber hinaus auch die durch das Metallsubstrat bedingte Rückstreuung beachtet werden. Man eliminiert sie am günstigsten, indem man zur Herstellung des Standardpräparates eine definierte Menge der markierten Substanz auf ein gleichartiges Substrat aufbringt, wie es dem konkret vorliegenden Meßobjekt entspricht. Für Methode C bedeutet das z. B., daß man als Standardpräparat die markierte Substanz auf eine mit dem betreffenden Metallfilm überzogene Glimmerscheibe jeweils bekannter Schichtdicke festhaftend aufbringen müßte. Nun gelingt es zwar, durch schnelle elektrische Verdampfung in mehreren Stromstößen Metallfilme reproduzierbarer Schichtdicke zu erzeugen [50, 54, 103], doch die beim manuellen Glimmerspalten erhaltenen Folien fallen nur selten mit gleicher Schichtdicke an. Daher erwies es sich als zweckmäßiger, für die einzelnen markierten Adsorbate den spezifischen Schwächungskoeffizienten in Abhängigkeit von der Flächenmasse der Glimmerfolie f_G zu ermitteln [54] und bei der Berechnung des Massenanteils gebundenen Stoffs pro Oberflächeneinheit m_B (mol · cm^{-2}) zu berücksichtigen:

$$m_B = \frac{Z_p \cdot n_s}{Z_s \cdot A} \cdot f_G \qquad (2)$$

(A = ausgemessene Probenoberfläche).

Bei Einsatz von γ-Strahlern für Methode C ist außerdem zu berücksichtigen, daß die Adsorption der markierten Spezies nicht nur an dem auf der Glimmerfolie vorhandenen Metallfilm stattfindet. Wie aus Abb. 2 hervorgeht, ist nach der elektrischen Metallbedampfung der gesamte Innenraum des Glaskolbens mit einem Metallfilm bedeckt. Die dort ebenfalls stattfindende Adsorption kann zu der an der Glimmerfolie registrierten Radioaktivität beitragen. Dieser Anteil läßt sich erfassen, wenn man diese Glimmerfolie nach der Radioaktivitätsmessung von der Apparatur abtrennt und noch einmal einer gesonderten Messung unterzieht. Gegebenenfalls ist dann Gl. (2) noch um den Korrekturfaktor f_{AS}, der die durch Adsorption an Apparaturteilen bedingte zusätzliche Strahlung berücksichtigt, zu ergänzen [54, 55].

Bei markierten organischen Substanzen mit einem relativ hohen Dampfdruck ist die Herstellung von Standardpräparaten häufig nicht ohne weiteres möglich, weil es nicht gelingt, eine definierte Menge davon stabil auf einem Objektträger festhaftend zu fixieren. Bei derartigen Substanzen hat es sich bewährt, die quantitative Verbrennung einer definierten Stoffmenge am Pt-Kontakt vorzunehmen und die Verbrennungsprodukte in Wasser zu absorbieren. Nach dieser mikroanalytischen Methode von *Schöniger* [104] gelang es, organische Schwefelverbindungen in H_2SO_4, Stickstoffverbindungen in HNO_3 und Kohlenstoffverbindungen in H_2CO_3, bzw. nach Neutralisation mit 0,2 M NaOH in die entsprechenden Na-Salze umzuwandeln. Durch Eindampfen von Aliquoten dieser wäßrigen Lösungen konnten massenbeständige Standardpräparate erhalten werden, deren spezifische Radioaktivität nur entsprechend der kernphysikalischen Halbwertszeit des jeweiligen Nuklids abnahm [29, 54, 55, 105].

Eingegangen am 4. 2. 1981

Literatur

[1] *G. von Hevesy, S. B. Wien*, Anz. Akad. Wiss. Wien **124** (1915) 131
[2] *O. Erbacher*, Z. phys. Chem. A **163** (1933) 196 u. 215
[3] *O. Erbacher*, Z. Elektrochem. **44** (1938) 594
[4] *N. Hackerman, S. J. Stephens*, J. phys. Chem. **58** (1954) 904
[5] *K. Schwabe*, Chem. Techn. **10** (1958) 469
[6] *R. M. Anderson, J. Satanek, J. C. Harris*, J. Amer. Oil Chem. Soc. **36** (1959) 286
[7] *K. Schwabe, Ch. Weissmantel*, Z. phys. Chem. (Leipzig) **215** (1960) 48
[8] *K. Schwabe*, Isotopentechnik **1** (1960/61) 195
[9] *K. G. McLaren, J. H. Green, A. H. Kingsbury*, Corros. Sci. (Oxford) **1** (1961) 161
[10] *J. Bordeaux, N. Hackerman*, J. phys. Chem. **61** (1961) 1323
[11] *T. K. Ross, D. H. Jones*, Comptes Rendus du Symp. Europ. sur les Inhibiteurs de Corrosion, Ann. Univ. Ferrara, Sez. V, Suppl. n. 3 (1961) 163
[12] *H. C. Gatos*, Comptes Rendus du Symp. Europ. sur les Inhibiteurs de Corrosion, Ann. Univ. Ferrara, Sez. V, Suppl. n. 3 (1961) 257
[13] *K. Schwabe*, Chem. Techn. **13** (1961) 275
[14] *K. Schwabe*, DECHEMA – Monographie Nr. 45 (1962) 273
[15] *C. R. Bergen*, Corrosion (Houston) **20** (1964) 269
[16] *R. Dreyer, I. Dreyer*, Z. phys. Chem. (Leipzig) **228** (1965) 177; **236** (1967) 107
[17] *H. J. Philipp, H. Siebert*, Chem. Techn. **17** (1965) 160
[18] *J. Heidemeyer*, Dissertation, Techn. Univ. Berlin 1965
[19] *K. Schwabe, W. Leonhardt*, Chem.-Ing.-Techn. **38** (1966) 55
[20] *P. Lacombe*, Comptes Rendus du 2eme Symp. Europ. sur les Inhibiteurs de Corrosion, Ann. Univ. Ferrara, Sez. V, Suppl. n. 4 (1966) 517
[21] *K. Schwabe, H. Siebert, H. Ullich*, Isotopenpraxis **3** (1967) 53
[22] *J. G. N. Thomas*, Werkst. u. Korr. **19** (1968) 957
[23] *F. Wormwell, J. G. N. Thomas*, Use of Radioisotopes in Studies of Passivation and Corrosion, in: surface Phenomena of Metals, Soc. of Chem. Ind. Monographies No. 28, London 1968, p. 365 bis 382
[24] *G. Trabanelli, G. L. Zucchini, F. Zucchi, V. Carassiti*, Brit. Corros. J. **4** (1969) 267
[25] *R. Dreyer, J. Redlich*, Wiss. Z. d. Univ. Rostock **18** (1969) 945
[26] *N. A. Balashova, K. E. Kazarinov*, Use of the radioactive tracer method for the investigation of the electric double – layer structure, in: Electrical. Chem. (Ed. by A. I. Bard), Vol. 3, Marcel Dekker Inc. New York 1969, 135
[27] *J. W. Schultze*, Ber. Bunsenges. Phys. Chem. **73** (1969) 483
[28] *K. Schwabe, G. Reinhard, M. Fischer, K. Schaarschmidt*, Werkst. u. Korr. **22** (1971) 302
[29] *G. Reinhard, M. Fischer, H. Schmidt*, Isotopenpraxis 8 (1972) 102
[30] *J. W. Schultze*, Electrochim. Acta **17** (1972) 451
[31] *I. Garz, B. Glaser*, Corros. Sdci. (Oxford) **14** (1974) 353
[32] *H. D. Suschke, K. Schwabe*, J. Broers, Oberfläche – Surface **15** (1974) 295
[33] *J. Krupski, H. G. Feller*, Z. Metallkunde **65** (1974) 401
[34] *G. Reinhard, E. Winkler, H. Schmidt*, Vortr. Nat. Symp. Traceranwend. in d. Industrie, Gera 1976, ZfI-Mitt. Nr. 9 (1977) 201
[35] *R. Ferrari, M. Marabelli, M. Serra, G. Starace*, Brit. Corros. J. **12** (1977) 118
[36] *G. Reinhard, F. Schneider*, Isotopenpraxis **16** (1980) 208
[37] *J. R. Duncan, D. J. Spedding*, Corros. Sci. (Oxford) **13** (1973) 881
[38] *G. Reinhard, F. Schneider*, Vortragsband II. Int. Konf. d. RGW-Länder über Korr. u. Korrosionschutz, Prag 1975, Sekt. 1, S. 379 bis 385
[39] *F. Schneider*, Diss. A, TU Dresden 1978
[40] *W. Smit, H. N. Stein*, J. Electroanal. Chem. **91** (1978) 393
[41] *G. Reinhard, J. Pirrwitz*, Isotopenpraxis **11** (1975) 134
[42] *G. Reinhard, J. Ziems*, Z. phys. Chem. (Leipzig) **261** (1980) 529
[43] *K. Svoboda*, Isotopenpraxis 2 (1966) 413
[44] *L. A. Medvedeva, J. M. Kolotyrkin*, Zhur. Fiz. Khim. **31** (1957) 2668
[45] *J. M. Kolotyrkin*, Trans. Faraday Soc. **55** (1959) 455
[46] *K. E. Heusler, G. H. Cartledge*, J. electrochem. Soc. **108** (1961) 732
[47] *A. N. Frumkin, N. A. Balashova, W. E. Kazarinov*, J. electrochem. Soc. **113** (1966) 1011
[48] *W. E. Kazarinov*, Elektrochimija 2 (1966) 1170
[49] *K. Schwabe*, Electrochim. Acta **6** (1962) 223
[50] *Ch. Weissmantel*, Habilitationsschrift, TU Dresden 1962
[51] *K. Schwabe, Ch. Weissmantel*, Electrochim. Acta **9** (1964) 991
[52] *W. Hermel*, Diss., TU Dresden 1967
[53] *W. Hermel, K. Schwabe*, Abh. Deutsche Akad. Wiss. Berlin Nr. 87 (1967)
[54] *R. Schnoor*, Diss., TU Dresden 1971
[55] *R. Schnoor, K. Schwabe*, Z. phys. Chem. (Leipzig) **255** (1974) 261
[56] *G. Horanyi, J. Solt, F. Nagy*, J. electroanal. Chem. **31** (1971) 87
[57] *J. Sobkowski, A. Wieckowski*, J. electroanal. Chem. **34** (1972) 185
[58] *A. Wieckowski*, J. electrochem. Soc. **122** (1975) 252
[59] *J. A. Kafalas, H. C. Gatos*, Rev. Sci. Instr. **29** (1958) 47
[60] *W. W. Harvey, W. J. Lafleur, H. C. Gatos*, J. electrochem. Soc. **109** (1962) 155
[61] *K. Schwabe, W. Schwenke*, Electrochim. Acta **9** (1964) 1003
[62] *J. G. N. Thomas*, Brit. Corros. J. **1** (1966) 156
[63] *W. E. Kazarinov, G. J. Tysyachnaya, V. N. Andreev*, J. electroanal. Chem. 65 (1975) 391
[64] *V. V. Gorodetski, A. G. Alenina, V. V. Lossev*, Elektrochimija 5 (1969) 227
[65] *V. V. Gorodetski, A. P. Bukin, E. G. Shapovalova*, Proc. of the 4th European Symp. on Corrosion Inhibitors, Ann. Univ. Ferrara, Sez. V, Suppl. n. 6 (1975) (1975) 463
[66] *J. Madi*, Ber. Bunsenges. Phys. Chem. **67** (1963) 235
[67] *R. Russow, F.-J. Becker*, Isotopenpraxis 2 (1966) 258
[68] *J. Llopis, J. M. Gamboa, J. M. Alfayate*, Electrochim, Adcta **12** (1967) 57
[69] *V. M. Novakovski, Y. A. Likhachev*, Electrochim. Acta **12** (1967) 267
[70] *H. J. Close, D. B. Hines*, Isotopes Rad. Technol. **7** (1970) 407
[71] *J. M. Kolotyrkin, A. N. Cemodanov, M. A. Dembrovski, V. M. Knjazeva, N. N. Rodin*, Krorrosion (Dresden) **2** (1970) 45
[72] *M. A. Dembrovski*, Zascita metallov (Moskva) 8 (1972) 387
[73] *J. M. Kolotyrkin*, Electrochim. Acta **18** (1973) 593
[74] *E. Maleczky, G. Bacskai, T. Badacsonyi*, Korrozios figyelö (Budapest) **13** (1973) 69
[75] *K. Akerman*, EURISOTOP – Report Nr. 95 (1974)
[76] *J. Vehlow*, Werkst. u. Korr. **26** (1975) 338
[77] *M. A. Dembrovski, D. S. Sacharin*, Zascita metallov (Moskva) **13** (1977) 259
[78] *G. Reinhard, G. Kriegel*, Isotopenpraxis **14** (1978) 269
[79] *A. P. Pcel'nikov, A. D. Sitinkov, Ja. B. Skuratnik, M. A. Dembrovski, I. K. Marschakov, W. W. Losev*, Zascita metallov (Moskva) **14** (1978) 151
[80] *N. N. Rodin, O. Ch. Belov, L. N. Kusnezov, W. G. Amerikov, I. F. Jasikov, W. G. Lam'rev*, Zascita metallov (Moskva) **15** (1979) 50
[81] *J. A. Vehlow*, Werkst. u. Korr. **31** (1980) 167
[82] *D. S. Sacharin, Ja. B. Skuratnik, M. A. Dembrovski*, Zascita metallov (Moskva) **16** (1980) 512
[83] *H. Specker*, Angew. Chem. **80** (1968) 297
[84] *J. Holzhey*, Aktivierungsanalyse; Anwendung in der Metallurgie, VEB Dt. Verl. f. Grundstoffind., Leipzig 1975
[85] *Ch. Engelmann, A. C. Scherle*, Int. J. Appl. Radiation und Isotopes **22** (1971) 415
[86] *C. De Wispelaere, J. P. Op de Beeck, J. Hoste*, Anal. Chim. Acta **64** (1973) 321
[87] *Ch. Loos-Neskovic, M. Fedoroff, G. Revel*, Anal. Chim. Acta **85** (1976) 95
[88] *K. H. Lieser, V. Neitzert*, J. Radioanal. Chem. **31** (1976) 397
[89] *H. Higuchi, N. Nonaka, H. Hamaguchi, K. Tomura*, J. Radioanal. Chem. **36** (1977) 457
[90] *K. Thiemt*, Diss., TU Dresden 1970
[91] *K. Thiemt*, Isotopenpraxis 8 (1972) 57 u. 135
[92] *M. A. Dembrovski, Ja. B. Skuratnik, A. P. Pcel'nikov*, Vortragsband d. wiss. Symp. d. RGW-Länder über Spannungsrißkorr. u. Wasserstoffversprödung, Dresden 1975, S. 92–99
[93] *M. R. Louthan, D. E. Rawl, R. T. Huntoon*, Corrosion (Houston) **28** (1972) 172
[94] *W. Fischer*, Autoradiographie, W. de Gruyter, Berlin 1971
[95] *V. Jesenak, J. Tölgyessy*, J. Radiochem. Radioanal. Lett. **19** (1974) 267
[96] *Hj. Matzke*, Int. J. Appl. Radiation and Isotopes **27** (1976) 27
[97] *D. A. Hilton*, J. Nucl. Mat. **37** (1970) 286
[98] *E. S. Matsui, J.* Paint Technol. **41** (1969) 455; NAVAL-Techn. Report R674 (1970); Isotopes and Radiation Technol. (Washington) 8 (1971) 181
[99] *W. D. Engel*, Diplomarbeit, TU Dresden, Sektion Chemie 1972
[100] *M. Možišek*, Jadnerna energie (Prag) **22** (1976) 448
[101] *H. Corti, G. Baro, R. Fernandez-Prini, A. G. J. Maroto*, J. Oil Col. Chem. Assoc. **61** (1978) 75
[102] *A. L. Glass, J. Smith*, J. Paint Technol. **39** (1967) 490 und Isotopes Radiation Technol. (Washington) 8 (1970) 60
[103] *T. U. Hickmott*, Adv. in Catalysis **9** (1957) 167
[104] *W. Schöniger*, Mikrochim. Acta (Wien) **1956**, 869
[105] *H. Schmidt*, Diplomarbeit, TU Dresden, Sektion Chemie 1970

Originalarbeiten

Instrumental Neutron Activation Analysis of Trace Elements in a Resist Used in the LSI Process

K. Kobayashi, K. Kudo

(Ibaraki Electrical Communication Laboratory, Nippon Telegraph and Telephone Public Corporation, Tokai, Ibaraki, Japan) [1])

Trace elements, especially sodium, in a resist used for the fabrication process of integrated circuits were determined by instrumental neutron activation analysis (INAA). The determination of trace impurities in five resists was carried out, and the sodium contents obtained in AZ-1350 and AZ-1350J of commercial resists were higher than those of other ones. The sodium contents in the silicon dioxide layer and the silicon substrate prior to the coating of the resist were 0·02 ng and 1·2 ng, respectively. The content of sodium in AZ-1350 resist coated on the silicon substrate was 95 ng. After ashing the resist by the oxygen-plasma, 60 ng of sodium contaminant remained on the silicon dioxide layer and 14 ng of sodium was observed in the silicon substrate. The amounts of sodium in the silicon dioxide layer and the silicon substrate increased remarkably during the resist ashing process.

Keywords

activation analysis; impurities; integrated circuits; neutrons; semiconductor materials; silicon; sodium

1. Introduction

The electrical characteristics of semiconductor devices are greatly affected by impurities in the semiconductor materials and by contaminations during the fabrication process [1]. Particularly, the contamination of sodium influences remarkably the electrical characteristics of the semiconductor devices. Therefore, the determinations of these impurities and contaminants and of their distribution are required.

However, the impurities in silicon are now less than ppb level [2], and these impurities give no interference to the electrical characteristics. The main contamination sources are the impurities in other materials used for the fabrication of the semiconductor devices. Resist is a polymer and is employed frequently as a material in the etching process of LSI*) fabrication. The resist has been synthesized by the organic materials of commerical grade and no consideration has been taken on the contamination of the product. The concentrations of the impurities, especially sodium, in the resist seem to be higher than those of other semiconductor materials. It is considered that the resist is the contamination sources of sodium and other impurities in the fabrication process of the LSI devices.

On the other hand, the accurate determination of trace amounts of impurities, especially sodium, is difficult. Because sodium and other impurities are easily contaminated from apparatus and tools used and by a hand-treatment during the sample preparation.

Instrumental neutron activation analysis (NAA) having high-sensivity and accuracy seems to be the best method for the determination of trace amounts of elements if the contamination in the sample preparation is avoided.

This paper describes the determination of impurities in the resist, the recovery of elements in the ashing process and the distribution of sodium during the resist coating process on the silicon wafer by INAA.

*) Large Scale Integration

2. Experimental

2.1. *Instrumental neutron activation analysis*

Sample and standards were simultaneously irradiated in the nuclear reactor JRR-2 at a thermal neutron flux of 5×10^{13} n/cm^2 · s for 5 – 20 min. After irradiation, the samples were cooled during one day for the decay of ^{31}Si activity.

Gamma-ray spectra of the irradiated samples were measured by a Ge(Li) detector and a 4096 channel pulse-height analyzer.

2.2. *Resists and polymers*

Five resists and three polymers were supplied for the analysis. Commercially available resists, AZ-1350 and AZ-1350J, were imported from Shipley Company of USA. Other resists were synthesized in our laboratory. Polyimide, polystyrene and polymethyl methacrylate (PMMA) were also used for the comparison of impurity concentrations in the above samples.

2.3. *Ashing process*

Recovery of elements in the three ashing processes were studied on AZ-1350J resist and Orchard Leaves (SRM-1571). The ashing conditions of three processes are as follows: 1st is oxygen-plasma ashing, and RF power and ashing time are 50 W and 6 h, and 2nd is dry ashing in an oven at 450 °C or 600 °C for 5 h, and 3rd is wet ashing by a mixture of nitric and sulfuric acids and hydrogen peroxide (2 :1 :1).

2.4. *Sample preparation and treatment*

Ultra high-purity silicon single crystals was 3 inch diameter and 380 µm thickness, and it was used for the substrate material.

Fig. 1 shows the process of the sample preparation. As shown in Fig. 1, silicon wafer is thermally oxidized in an oven to an oxide thickness of 500 Å (Sample 1). Next, the

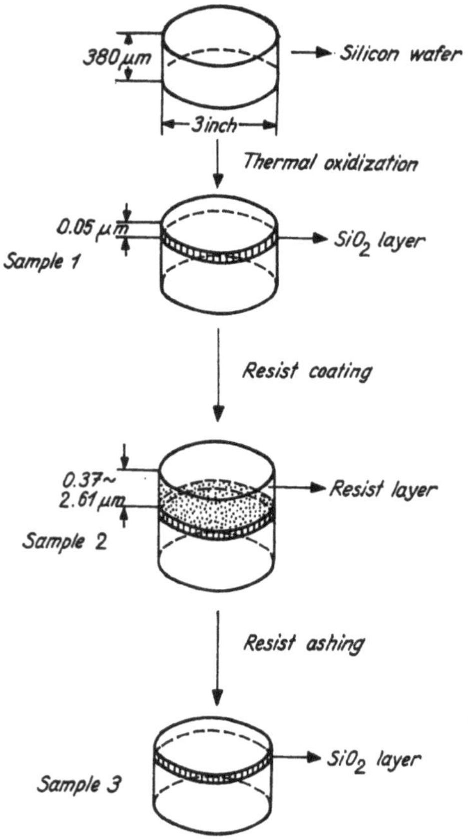

Fig. 1. Resist coating and ashing process on the silicon wafer

resist layer is coated on the thermal oxide layer (Sample2) and finally, the resist layer is removed by the oxygen-plasma ashing (Sample 3). In the ashing, RF power was 200 W and ashing time was 20 min. Each sample of the circular wafer in 3 inch diameter was cut into small pieces for neutron irradiation. These all samples were prepared in the clean room.

After irradiation, the samples of the silicon dioxide layer deposited on the silicon substrate (Sample 1) and of the ashed resist layer (Sample 3) were leached with a mixture of sulfuric acid and hydrogen peroxide (6 :1) for 5 min and the surface contaminants of the samples were removed. The resist coated sample (Sample 2) were leached with the solution of 0·03 N hydrofluoric acid for 20 s, and tens Å of sample surface were etched.

3. Results and discussion

3.1. *Analytical results of trace elements in the resists and polymers*

The analytical results of eight elements in the resists and polymers are shown in Tab. 1 together with the analytical result of silicon single crystal by INAA [2].

As shown in Tab. 1, the impurity concentrations in the resists and polymers were higher than those of silicon single crystal. Particularly, the concentration of sodium was 78 ppm in AZ-1350 and 33 ppm in AZ-1350J, and these values were high in comparison with those of other resists and polymers. The concentration of bromine in the resist No. 3 was 12 ppm, and it seems to be the contamination by the catalysts used for the synthesis of the resist.

Tabl. 1. Determination of trace elements in the resists and polymers by INAA

Analytical sample	Element determined							
	Analytical result, ppm							
	As	Au	Br	Cu	K	Mn	Na	Sb
Resist No. 1 (AZ-1350)	0·04	—	0·70	—	1·9	—	78 ± 6	0·10
No. 2 (AZ-1350J)	0·13 ± 0·03	<1 ppb	0·27 ± 0·04	0·3 ± 0·1	3·8 ± 0·4	0·06 ± 0·01	33 ± 2	0·2 ± 0·1
No. 3	0·10 ± 0·01	—	12 ± 1	1·1 ± 0·1	<18	0·01 ± 0·005	1·1 ± 0·05	0·2 ± 0·1
No. 4	0·13	—	0·5 ± 0·1	1·4 ± 0·2	<2·6	<1 ppb	0·2 ± 0·1	0·02 ± 0·01
No. 5	<1·1	—	1·1 ± 0·4	0·08 ± 0·04	<6·8	0·02 ± 0·004	1·2 ± 0·5	0·02 ± 0·01
Polyimide	<0·01	2 ± 1 ppb	0·26 ± 0·05	0·33 ± 0·04	3·6	0·10 ± 0·01	2·0 ± 0·1	9 ± 1 ppb
Polystyrene	<1·1	—	0·05	—	<62	0·03 ± 0·005	0·4 ± 0·3	0·02 ± 0·01
PMMA	<2·9	—	0·02	—	<38	<5 ppb	8·6 ± 0·6	0·03 ± 0·01
Silicon single crystal [1])	N.D [2])	0·05 ppb	N.D [2])	0·4 ppb	N.D[2])	N.D[2])	0·1 ppb	0·02 ppb

[1]) Reference 2
[2]) Not detected

Tab. 2. Recovery of elements in the resist and Orchard Leaves by the ashing

Sample	Method	Recovery, %*)				
		As	Br	K	Mn	Na
AZ-1350J	Plasma ashing	100 ± 15	—	—	100 ± 33	100 ± 6
	Dry ashing, 450 °C, 5 h	69	37	84	100	94
	600 °C, 5 h	62	19	82	—	91
	Wet ashing	77 ± 23	22 ± 11	84 ± 5	83 ± 17	73 ± 9
Orchard Leaves (SRM-1571)	Plasma ashing	100 ± 8	100 ± 15	92 ± 2	91 ± 2	95 ± 2
	Dry ashing, 450 °C, 5 h	66	76	88	95	72
	600 °C, 5 h	38	28	62	97	74
	Wet ashing	70 ± 9	88 ± 2	87 ± 1	84 ± 9	70 ± 2

*) Recovery (%) = $\frac{\text{The amouts of element in the ashed sample}}{\text{The amonts of elements in the unashed sample}}$

3.2. *Recovery of the elements in AZ-1350J resist and Orchard Leaves (SRM-1571) by the ashing process*

Tab. 2 shows the recovery of five elements in the AZ-1350J resist and Orchard Leaves (SRM-1571) by the ashing. As shown in Tab. 2, the recovery of the elements in the samples by the plasma ashing were 91—100%. Particularly, the recovery of arsenic and bromine as volatile elements was 100%. Dry ashing led to the loss of a considerable amounts of elements. The recoveries of bromine during dry ashing at 600 °C were 19% in AZ-1350J and 28% in Orchard Leaves. The analytical results of potas-

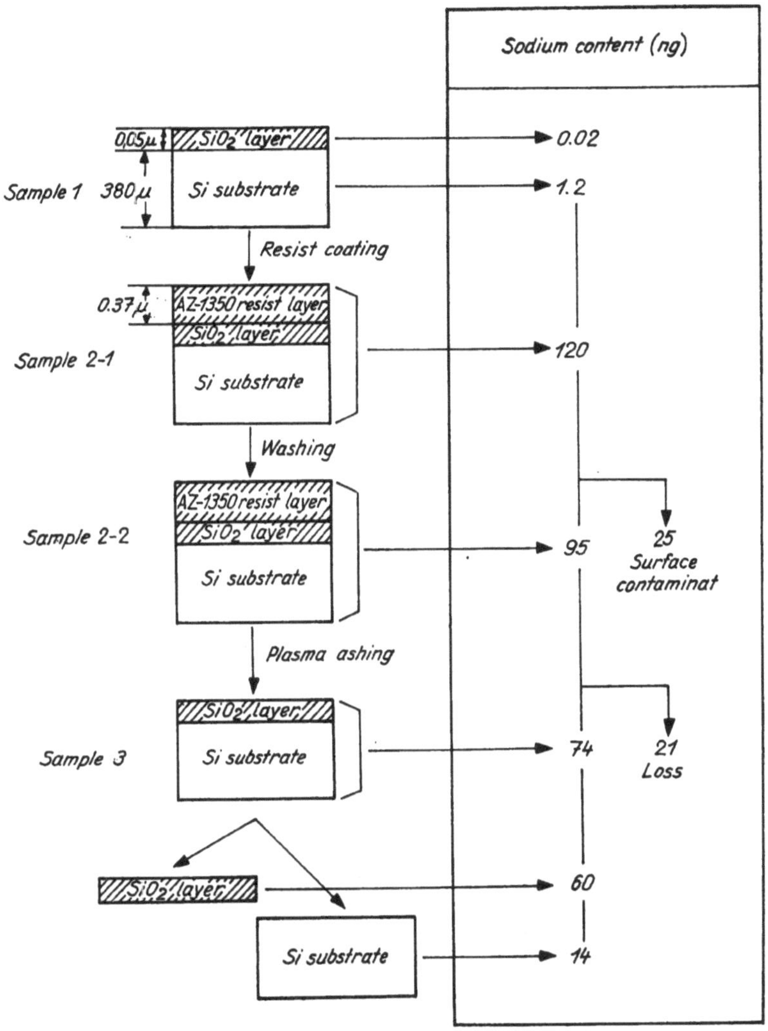

Fig. 2. Distribution of sodium during resist coating and ashing process

sium and bromine in Orchard Leaves by this method were in good agreement with those of *Nonaka* et al. [3]. The recovery of elements by the wet ashing was 70—88%. These results suggest that plasma ashing method is available for the preparation of analytical samples.

3.3. *Distribution of sodium and antimony during resist coating and ashing process*

Fig. 2 shows the analytical results of sodium in the resist coating and ashing process. As shown in Fig. 2, the contents of sodium were 0·02 ng in the silicon dioxide layer of 0·05 µm thickness (Sample 1) and 1·2 ng in the silicon substrate of 380 µm thickness (Sample 1), respectively. On the other hand, the sodium content in the resist coated sample (Sample 2—1) was 120 ng. The value decreased up to 95 ng due to leaching with the acid. After oxygen-plasma ashing, 74 ng of sodium contaminant was remained on the resist ashed sample (Sample 3) and 21 ng was vaporized. The sodium of 60 ng remained on the silicon dioxide layer and 14 ng of one was observed in the silicon substrate. As described before, the content of sodium in the silicon substrate prior to the coating of resist was 1·2 ng, and about 13 ng of sodium entered into silicon substrate.

Fig. 3 shows the relationship between the thickness of the resist coated layer and the contents of sodium and antimony. As shwon in the figure, the sodium and antimony contents increased in proportion to the thickness of the resist coated layer.

In the conclusion, INAA is superior to the determination of trace impurities in the fabrication process of LSI devices, and impurity concentration and behaviour of contaminants can be analyzed clearly.

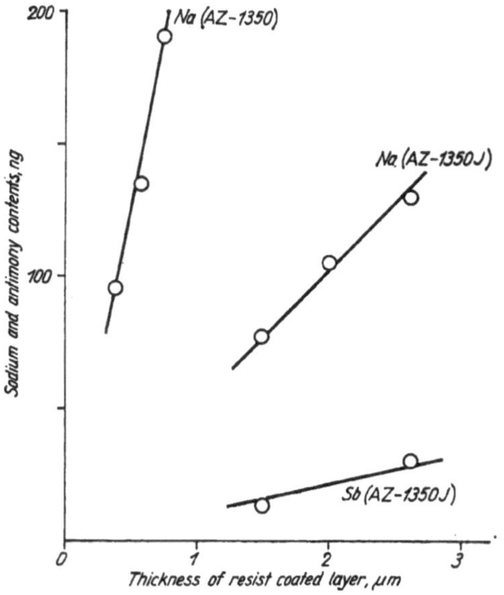

Fig. 3. Sodium and antimony contents during resist coating process

The authors wish to thank to Dr. *N. Niizeki* for his help in the preparation of this paper, and to Dr. *E. Arai* and Mr. *H. Akiya* for their help and advice with sample preparation.

Received February 27, 1981

References

[1] *E. Snow, A. S. Grove, B. E. Deal, C. T. Sah*, J. Appl. Phys. 36 (1965) 1664

[2] *K. Fujinaga, K. Kudo*, J. Radioanal. Chem. 52 (1979) 411

[3] *N. Nonaka, H. Higuchi, H. Hamaguchi, K. Tomura*, Presented in part at the 24th Symposium on the Radiochemistry, Hirosaki, Japan, October 1980

Bestimmung der Verteilung von Bor in Pflanzenorganen mit Hilfe der neutroneninduzierten Autoradiographie

R. Kluge, W. Podlesak

(Institut für Pflanzenernährung Jena der Akademie der Landwirtschaftswissenschaften der DDR) [1])

H. Reuther

(Zentralinstitut für Kernforschung Rossendorf der Akademie der Wissenschaften der DDR) [2])

Die Verteilung von B in Pflanzenorganen läßt sich, wie erste Untersuchungen an Kartoffelblättern beweisen, mit Hilfe der neutroneninduzierten Autoradiographie unter Verwendung von Festkörperspurdetektoren sowohl qualitativ abbilden als auch quantitativ bestimmen. Die Nachweisgrenze der Methode liegt bei einigen ppm B im absolut trockenen Pflanzengewebe. Für Übersichtsuntersuchungen bietet die halbquantitative Auswertung der Autoradiogramme durch Spurdichteklassierung mit Hilfe des Bildauswertegerätes „Densitron" günstige Möglichkeiten. Unter Verwendung von Standards lassen sich auf diese Weise mit noch vertretbarem Arbeits- und Zeitaufwand B-Gehaltsbereiche abgrenzen, die eine ausreichend genaue Beurteilung der B-Verteilung in Pflanzenorganen ermöglichen.

Keywords

activation analysis; alpha particles; autoradiography; boron; dielectric track detectors; neutrons; plants

1. Einführung

Bor gehört zu den Elementen, die für das Pflanzenwachstum unbedingt erforderlich sind. Allerdings benötigt die Pflanze nur Spuren dieses sogenannten Mikronährstoffes, wie mittlere Gehalte von 20 ... 50 ppm B in der Trockensubstanz ausweisen. B-Gehalte dieser Größenordnung lassen sich bei Einsatz entsprechend großer Mengen an Pflanzentrockenmasse (1 ... 2 g/Analyse) mittels der üblichen naßchemischen Analysenverfahren problemlos bestimmen.

Beträchtliche Schwierigkeiten bereitet dagegen die Ermittlung von B-Verteilungen in bestimmten Pflanzenorganen, weil die zur Verfügung stehende geringe Menge an Pflanzensubstanz (z. B. von Teilen eines Blattes) in der Regel für eine naßchemische Analyse nicht ausreicht. Fragen der B-Verteilung innerhalb der Pflanze bzw. in einzelnen Pflanzenorganen gewinnen jedoch in der pflanzenphysiologischen Forschung zunehmend an Interesse. Es geht dabei u. a. darum, Kenntnisse über die B-Verlagerung in der Pflanze zu gewinnen und toxisch wirkende B-Gehalte in bestimmten Blattzonen zu bestimmen.

Möglichkeiten zur analytischen Bearbeitung solcher Fragestellungen bietet die zerstörungsfreie und empfindliche Methode der neutroneninduzierten Autoradiographie (NIAR) mit Festkörperspurdetektoren (FSD). Hierbei wird die Emission von α-Teilchen beim Beschuß von ^{10}B mit thermischen Neutronen durch Auslösung der Kernreaktion $^{10}B\,(n, \alpha)^{7}\,Li$ genutzt, deren Spuren mit geeigneten FSD aufgezeichnet und durch Ätzung stabilisiert werden.

Die NIAR zur Bestimmung von B-Verteilungen hat im Bereich der Naturwissenschaften und in technischen Anwendungsgebieten schon gewisse Verbreitung gefunden [1, 2]. Für pflanzenphysiologische Untersuchungen ist die NIAR dagegen bisher nur vereinzelt eingesetzt worden [3, 6]. Nachfolgend werden erste Ergebnisse der NIAR von B in Kartoffelblättern vorgestellt und darauf aufbauend Möglichkeiten der Nutzung dieser Methode zur quantitativen Erfassung von B-Verteilungen in Pflanzen diskutiert.

2. Methodischer Teil

Ausgehend davon, daß B in natürlichen Stoffen stets in der Zusammensetzung von 18,83% ^{10}B und 81,17% ^{11}B vorkommt [4], besteht bei der NIAR von B in Pflanzen über die qualitative Abbildung der B-Verteilung hinaus die Möglichkeit, unter Verwendung geeigneter Standards die B-Gesamtgehalte in einzelnen Verteilungszonen quantitativ zu ermitteln.

2.1. *Probenvorbereitung*

Zur Gewinnung von Ausgangsmaterial wurden im Gefäßversuch zu Kartoffeln mittels gestaffelter B-Düngergaben Pflanzen mit unterschiedlichen B-Gehalten angezogen. Von den zur Blüte geernteten Pflanzen wurden aus Varianten unterschiedlicher B-Düngung zwei geeignete Blätter mit deutlich differenzierten B-Gehalten durch Trocknen und Pressen für die nachfolgende NIAR vorbereitet. Das verbleibende Pflanzenmaterial der einzelnen Varianten mit gestaffelten B-Gaben wurde luftgetrocknet, gemahlen und naßchemisch mittels 1.1'-Dianthrachinoylamin auf seinen B-Gesamtgehalt untersucht. Ein Anteil des Pflanzenpulvers wurde in Pelletform gepreßt, um Standardproben mit bekannten B-Gesamtgehalten und gleicher Matrix wie die zu untersuchenden Blätter zu gewinnen.

2.2. *Durchführung der NIAR, Empfindlichkeit, Fehlermöglichkeiten*

Als Detektorfolie wurde Zellulosetriazetatfolie (Dicke 110 µm) vom VEB ORWO Wolfen eingesetzt. Die Detektorfolie wurde auf die zu untersuchenden, plan gepreßten

Anschriften: [1]) 6900 Jena, Naumburger Str. 98; [2]) 8051 Dresden, PSF 19

Kartoffelblätter sowie auf die Standardpellets aufgelegt. Die Bestrahlung mit thermischen Neutronen erfolgte am Vertikalkanal 3 der thermischen Säule des Rossendorfer Forschungsreaktors. Der Fluß thermischer Neutronen betrug 10^{10} cm^{-2} s^{-1}. Zur Gewinnung auswertbarer Spurdichten wurde das Blatt mit optimalem B-Gehalt (Nr. 1) 30 min und das Blatt mit sehr hohem B-Gehalt (Nr. 2) 15 min bestrahlt. Die bestrahlten Folien wurden 30 min bei 50 °C in einer Lösung aus 150 g H_2O, 3,0 g $KMnO_4$ und 46,5 g KOH entwickelt.

Die Ätzgrübchen erreichten Größen von 2 bis 4 µm.

Mit der NIAR können nach ersten Abschätzungen B-Konzentrationen von mehr als 5 ... 10 ppm im absolut trockenen Pflanzengewebe problemlos bestimmt werden. Als mögliche Störquelle kommen schnelle Neutronen sowie die (n, α)-Reaktionen von ^{6}Li und ^{17}O in Frage. Schnelle Neutronen lassen sich thermalisieren und damit als Störfaktor ausschalten. Die ^{17}O (n, α) ^{14}C-Reaktion gewinnt nur im Bereich um 1 ppm an Bedeutung. Durch sie wird die Nachweisgrenze für B festgelegt. Die ^{6}Li (n, α)^3 H-Reaktion verursacht bei mit B vergleichbaren Gehalten um den Faktor 0,25 ... 0,5 geringere Spurdichten. Pflanzen weisen allerdings im Normalfall sehr niedrige Li-Gehalte (1 ... 3 ppm) auf, so daß die ^{6}Li-Störung, insbesondere bei Bestimmung hoher B-Gehalte, vernachlässigt werden kann [3, 7].

2.3. *Auswertung*

Zur Erfassung großflächiger Spurdichtenverteilungen auf FSD-Autoradiogrammen eignen sich vorrangig Methoden der Transparenzmessung, die vorhandene Korrelationen zwischen Spurdichte und Transparenz nutzen, sowie der Spurdichteklassierung. Die erhaltenen FSD-Autoradiogramme wurden deshalb mit einem Schnellphotometer Typ G III (VEB Kombinat Carl Zeiss Jena) und mit einem elektronischen Bildauswertegerätesystems „Densitron" (Zentrum für wiss. Gerätebau der AdW) [5] ausgewertet.

3. Ergebnisse

Die Gegenüberstellung von lichtoptischer Aufnahme und zugehörigem FSD-Autoradiogramm von Blatt 2 (sehr hoher B-Gehalt) in Abb. 1 unterstreicht die Eignung der NIAR für die qualitative Beurteilung der B-Verteilung:

Braune Randnekrosen des Blattes, die auf Grund hoher B-Zufuhr als B-Überschußbereiche im Blattgewebe eingestuft worden waren, lassen sich mit Hilfe des Autoradiogramms, das im Blattrandbereich deutlich höhere Spurdichten aufweist, visuell als Bezirke hoher B-Anreicherung nachweisen.

Den Versuch einer quantitativen Auswertung des Autoradiogramms in Abb. 1 mittels des Schnellphotometers G III zeigt Abb. 2, in der das Schwärzungsprofil senkrecht zur Blattmittelrippe, etwa im Bereich der größten Blattbreite, dargestellt ist.

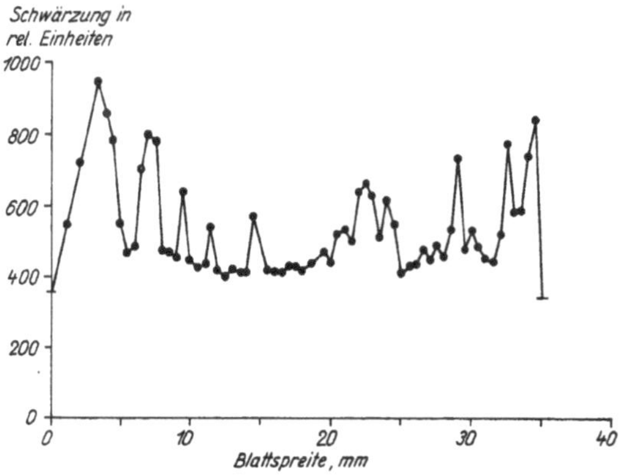

Abb. 2. Photometrische Erfassung der ^{10}B-Verteilung in der Blattspreite von Blatt 2
(Aufnahme der Spurdichteverteilung im Autoradiogramm nach Abb. 1 im Maximum der Blattspreite, quer von links nach rechts)

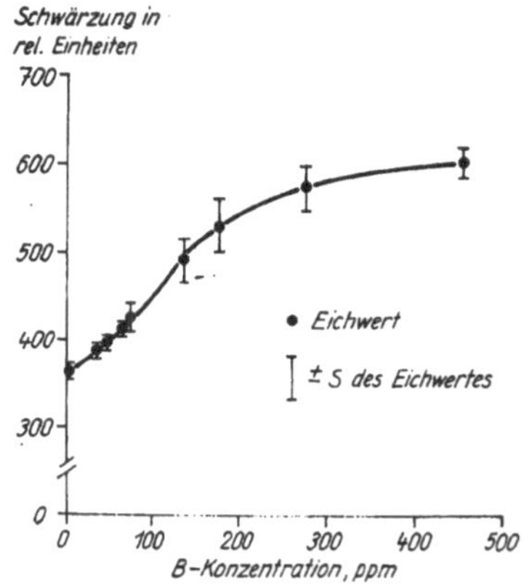

Abb. 3. Eichkurve für die photometrische Bestimmung von B in Pflanzenmaterial

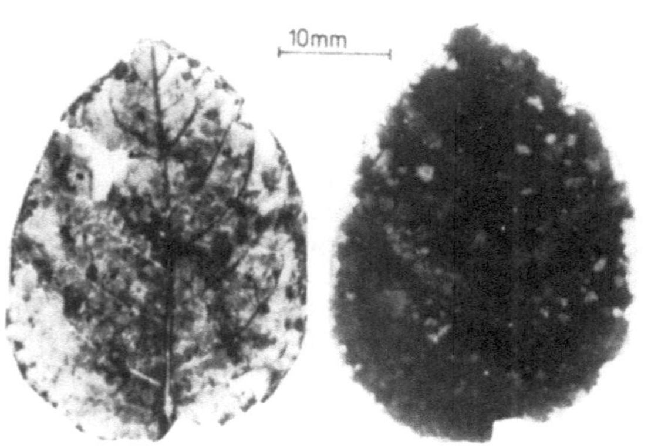

Abb. 1. Gegenüberstellung von lichtoptischer Aufnahme von Blatt 2 (links) und zugehörigem Festkörperspurautoradiogramm (rechts) der ^{10}B-Verteilung (Negativabbildung: helle Randzonen entsprechen hoher Spurdichte, d. h. hoher ^{10}B-Konzentration)

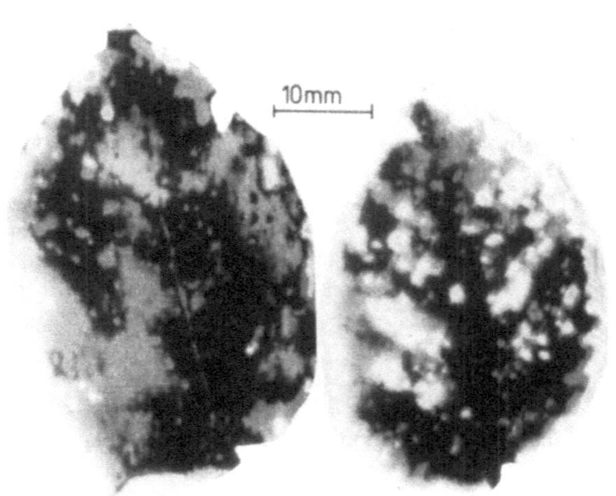

Abb. 4. Sechsstufig farbklassiertes Festkörperautoradiogramm von Blatt 1 (links) und Blatt 2 (rechts)
angefertigt mit dem Bildauswertegerät „Densitron" (Abb. im Original farbig)

Die beiden Blattrandzonen weisen Schwärzungen auf, die das 2 ... 2,5fache der mittleren Blattbereiche betragen. Die zugehörige Standard-Eichkurve (Abb. 3) zeigt jedoch eine nur mäßige Eignung. Zu hohe Streuung sowie ungenügende Linearität und Steilheit im Konzentrationsbereich über 150 ppm B erlauben keine gesicherte Umbewertung der einzelnen Spurdichten in B-Konzentrationen.

Praktikabler und für Übersichtsanalysen besser geeignet erscheint dagegen die Spurdichteklassierung mittels des „Densitron". Abb. 4 zeigt die 6stufige farbklassierte Darstellung der Spurdichteverteilung in Blatt 1 und 2. Die B-Gehalte im Blatt steigen in der Farbfolge blau, rot, grün, weiß, violett, gelb an. Eine Eichung der Farbklassen durch entsprechende Spurdichteklassierung der Standard-Autoradiogramme ergab folgende Verteilung des aufgenommenen B an der Unterseite von Blatt 1 und 2 (ppm in der Trockensubstanz):

	Blatt 1	Blatt 2
Mittelrippe und Blattnerven	40 ... 70	40 ... 100
Intercostalfelder	20 ... 60	180 ... 450
Blattrand (2 ... 3 mm)	130 ... 400	450 ... ca. 5000

4. Diskussion

Insgesamt zeigen die vorliegenden ersten Untersuchungen, daß die NIAR durchaus geeignet ist, die B-Verteilung in Pflanzenorganen mit ausreichender Genauigkeit zu ermitteln. Für bestimmte Fragen der Ernährung und Physiologie der Pflanzen, wie z. B. die Lokalisierung und Einstufung von Pflanzenschädigungen infolge B-Überschusses, reicht es dabei aus, nur B-Gehaltsbereiche einzugrenzen. In diesen Fällen kann das Verfahren der Spurdichteklassierung mit Hilfe des „Densitron" genutzt werden, das mit einer ausreichend genauen Erfassung solcher B-Gehaltsbereiche den Vorzug guter Anschaulichkeit der Ergebnisabbildung sowie vertretbaren Zeitaufwandes verbindet.

Nachteilig machte sich bei der Auswertung mit dem „Densitron" bemerkbar, daß die Standardproben aus gemahlener Pflanzensubstanz keine ausreichende Homogenität aufwiesen, was zur Bildung uneinheitlicher Mischfarben bei der Farbklassierung führte und eine eindeutige Zuordnung erschwerte. Künftig sollte versucht werden, zur Eichung geeignetere Standards, z. B. durch Einarbeitung definierter B-Mengen in Epoxidharz, zu verwenden. Unter diesen Bedingungen dürften folgende B-Gehaltsbereiche noch sinnvoll abzugrenzen sein (ppm B in der Trockensubstanz):

25 ... 40, 60 ... 100, 150 ... 200, 250 ... 350, 450 ... 550, 700 ... 1000, > 1500.

Bei der Beurteilung der FSD-Autoradiogramme von Pflanzen ist zu beachten, daß die NIAR stets nur eine Oberflächenabbildung und keine Information über den Gewebedurchschnitt der untersuchten Pflanzenorganzonen liefert. Bei einer Dichte der Blattsubstanz von etwa 1 g · cm^{-3} beträgt die Reichweite der α-Teilchen etwa 10 μm. Unter Zugrundelegung einer mittleren Dicke der untersuchten Kartoffelblätter von 80 ... 100 μm wurden somit bei Abbildung von Ober- und Unterseite etwa 20 bis 25% des gesamten Blattgewebes erfaßt. Bilanzen über die quantitative Verteilung bestimmter zugeführter B-Mengen im Blatt sind aus dieser Sicht mit der NIAR kaum möglich. Inwieweit Korrelationen zwischen den oberflächlich ermittelten und im Durchschnitt des betrachteten Gewebebereiches vorhandenen B-Konzentrationen bestehen, bedarf weiterer Untersuchungen.

Auch für Fragen des zeitabhängigen Transports von B aus der Wurzel in den Sproß bzw. der möglichen Verlagerung aus älteren in jüngere Blätter bietet die NIAR Lösungsmöglichkeiten, allerdings nur bei Einsatz von mit ^{10}B angereicherten B-Präparaten. Entsprechende Untersuchungen sind vorgesehen.

Die Autoren danken den Herren Dr. *K. Freyer* und Dr. *H. C. Treutler* vom Zentralinstitut für Isotopen- und Strahlenforschung für die Unterstützung bei der Anfertigung der „Densitron"-Aufnahmen.

Eingegangen am 25. 2. 1981

Literatur

[1] *K. Freyer*, ZfI-Mitteilungen Nr. 9, 1977
[2] *H. Reuther*, Isotopenpraxis **14** (1978) 222
[3] *S. C. Goswani, K. L. Gulati, K. K. Nagpaul*, Plant and Soil **48** (1977) 709
[4] *H. Remy*, Lehrbuch der anorg. Chemie, 2. Band. Akad. Verlagsges. Geest und Portig K. G., Leipzig 1959, S. 656
[5] *K. Freyer, W. Birkholz, H. C. Treutler, M. Wolff*, Isotopenpraxis **14** (1978) 219
[6] *R. H. Stinson*, Canad. J. Bot. (Ottawa) **50** (1972) 245
[7] *D. Chapman*, Diagnostic criteria for plants and soils (1966) S. 222. Univ. of California

Zur Korrektur von Inhomogenitäten des Reaktorneutronenflusses bei der Aktivierungsanalyse

M. Geisler, H. Schelhorn

(Zentralinstitut für Isotopen- und Strahlenforschung der AdW der DDR) [1])

Es wird eine einfache Methode zur Korrektur der Inhomogenitäten des Neutronenflusses bei der Reaktoraktivierungsanalyse beschrieben. Sie beruht auf der Aktivierung eines Eisenmonitors mit jeder Probe. Die Grenzen ihrer Anwendbarkeit werden berechnet und ihre Leistungsfähigkeit an einem Beispiel demonstriert.

Keywords

activation analysis; corrections; neutron flux; neutron monitors; neutrons

1. Einleitung

Eine wichtige Voraussetzung für die Richtigkeit der Ergebnisse in der Aktivierunsanalyse ist die Übereinstimmung der Neutronenflüsse für Proben und Standards bzw. die Messung ihrer Abweichung und deren Korrektur. Die für Neutronengeneratoren häufig verwendete Probenrotation zur Ausmittlung örtlicher Neutronenflußunterschiede (z. B. [1, 2]) ist an Kernreaktoren im allgemeinen nur bei ausschließlich für die Aktivierungsanalyse konzipierten Anlagen möglich. Eine viel praktizierte Methode zur Korrektur von Neutronenflußinhomogenitäten ist die regelmäßige Verteilung mehrerer Standards oder Monitore über die viele Proben enthaltende Aktivierungskapsel und der Bezug jeder Probe auf den Mittelwert der ihr am nächsten benachbarten Standards oder Monitore (z. B. [3]). Schließlich besteht die Möglichkeit, an jeder Probe Monitore für den Neutronenfluß anzubringen und für jede Probe (und jeden Standard) die Änderung des Neutronenflusses individuell zu korrigieren. Weithin wird für diesen Zweck eine Co—Al-Legierung benutzt [4]. *Bibby* und *Rasmussen* [5] verwenden Fe-Folien, die sie um die Probenampullen wickeln.

Bei der Neutronenaktivierung im A-Kanal des Rossendorfer Forschungsreaktors treten Neutronenflußinhomogenitäten auf, die korrigiert werden müssen. Unter den gegebenen Bedingungen scheint eine Fe-Monitortechnik am geeignetsten. Nach der Messung der zu erwartenden n-Flußschwankungen werden deshalb eine einfache Monitorvariante beschrieben, die Grenzen ihrer Anwendung charakterisiert und in einem Beispiel ihre Wirksamkeit demonstriert.

2. Messung der Neutronenflußgradienten

Die A-Kanäle des Rossendorfer Forschungsreaktors mit einem thermischen Neutronenfluß von $(1-2) \cdot 10^{13}$ n/cm^2 s und einem inneren Durchmesser von 62 mm bieten gute Voraussetzungen für die Aktivierung größerer Probenserien, besonders zur instrumentellen Aktivierungsanalyse. Andererseits besitzen sie von ihrer Lage im Al-Reflektor her größere Neutronenflußgradienten als die B-Kanäle im Be-Reflektor oder die im Core verlaufenden, aber für die Aktivierungsanalyse nur bedingt zur Verfügung stehenden C-Kanäle.

Zur Beurteilung der Größe der notwendigen Korrekturen wurden Messungen zur Neutronenflußverteilung in der Bestrahlungsposition A 8/I durchgeführt.

Da die Orientierung der zylindrischen Aktivierungskapsel im Kanal nicht kontrolliert werden kann, wurde zur Feststellung der Neutronenflußschwankungen in horizontaler Richtung, wie in Abb. 1 skizziert, in die Kante zwischen Mantel und Boden ein Ring aus Cu-Draht mit einem Durchmesser von 42 mm eingebracht. Zur Messung der vertikalen Verteilung wurde ein Cu-Draht in der Achse der Aktivierungskapsel aufgestellt. Die aktivierten Drähte wurden in Stücke von ca. 8 mm Länge geschnitten und deren spezifische ^{64}Cu-Aktivität relativ zueinander bestimmt. Die mittlere spezifische Aktivität des Kupfers wurde gleich 1 gesetzt und die prozentuale Abweichung der Einzelstücke davon als Funktion ihrer azimutalen Lage im Ring in Abb. 1 dargestellt. Dasselbe wurde in einer zweiten Aktivierung in einer 1 mm dicken Cd-Abschirmung durchgeführt und die erhaltene Verteilung in ihrer Phase so verschoben, daß sie in ihrem aufsteigenden Nulldurchgang mit der aus der ersten Aktivierung zusammenfällt.

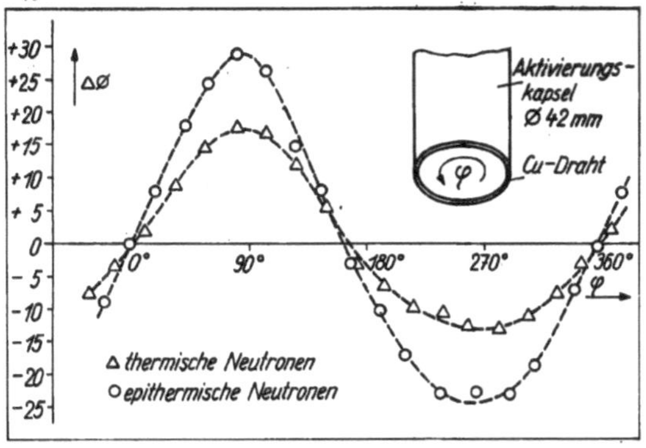

Abb. 1. Neutronenflußverteilung über dem Umfang des Bodens der Aktivierungskapsel in Position A 8/I des Rossendorfer Forschungsreaktors

Durch Aktivierung eines Zr-Monitors und Messung der ^{95}Zr- und ^{97}Zr-Aktivität wurde nach [6] für die Bodenmitte der Position A 8/I das Verhältnis des thermischen zum epithermischen Neutronenfluß zu $r = \Phi_{th}/\Phi_{epi} = 51 \pm 2$ bestimmt. Daraus und aus den Aktivierungsdaten für Cu folgt, daß der Beitrag der epithermischen Aktivierung zur ersten Kurve in Abb. 1 nur etwa 2% beträgt, die Kurve also die Verteilung des thermischen Neutronenflusses am Umfang des Kapselbodens darstellt, während die aus der

[1]) Anschrift: 7050 Leipzig, Permoserstr. 15

Cd-Aktivierung den epithermischen Fluß (um die Dicke der Cd-Hülle eingerückt) repräsentiert.

Der sinusähnliche Verlauf der Kurven entsteht offensichtlich durch den Abfall der Neutronenflüsse in Richtung vom Reaktorkern nach außen. Die Tatsache, daß der positive Teil der Verteilung schmaler und höher ist als der negative, rührt vor allem aus der Zentralgeometrie der Neutronenfelder um den Reaktorkern her.

Der Bezug der Extremwerte aus Abb. 1 auf die Ringdurchmesser und die Auswertung des nahezu linearen Verlaufs der vertikalen Verteilungen liefern die Neutronenflußgradienten (Tab. 1).

Tab. 1. Neutronenflußgradienten in der Position A 8/I des Rossendorfer Forschungsreaktors

	thermische Neutronen	epithermische Neutronen
horizontal	0–7,1 %/cm	0–13,3%/cm
vertikal	1,2%/cm	2,7%/cm

3. Korrekturmethode

Die hohen Neutronenflußgradienten insbesondere in horizontaler Richtung lassen eine Korrektur unbedingt angezeigt erscheinen, zumal wegen der durch die Flutung der A-Kanäle mit Reaktorkühlwasser notwendigen hermetischen Verpackung der Proben z. Zt. die Einzeleinschmelzung der Proben in Quarzampullen parktiziert wird, was eine Verteilung der Probencharge über den gesamten Querschnitt der Aktivierungskapsel ohne große vertikale Ausdehnung zur Folge hat. Das Eindringen von Reaktorwasser in die Aktivierungskapsel verbietet aber auch das Anbringen von Neutronenmonitoren außen an den Aktivierungsampullen.

Es werden deshalb kurze Eisendrähte mit einem Durchmesser von 0,6 mm in die Aktivierungsampullen eingebracht. Wegen des geringen vertikalen n-Flußgradienten sind die Drahtlänge und die Probenfüllhöhe unkritisch.

Eisen hat den Vorteil, wegen seiner geringen Aktivierungsempfindlichkeit (ca. 0,16 µCi/mg bei 15 h Aktivierung im A-Kanal) auch in gut handhabbaren Makromengen keine wesentliche personelle Strahlenbelastung zu erzeugen. Wegen der Nutzung der Hauptkomponente des Monitors spielen Homogenitätsfragen wie bei Monitoren aus legiertem Material keine Rolle. In vielen Probenmaterialien, vor allem in geologischen, tritt Eisen als Hauptbestandteil auf, so daß ohne wesentliche Gefahr einer Kontamination der Monitordraht direkt in die Probe gesteckt werden kann. Ist eine Kontamination zu befürchten, wird der Monitordraht in ein dünnes Quarzrohr eingeschmolzen in die Aktivierungsampulle eingebracht.

Nach der Aktivierung wird bei der Umfüllung der Probe ins Meßgefäß der Monitordraht zur getrennten Messung entnommen.

Die Relativmessung der ^{59}Fe-Aktivität erfolgt mit dem auch zur Analyse benutzten Ge(Li)-Detektor. In dem verwendeten handelsüblichen Eisendraht konnten ca. 7 Tage nach Aktivierungsende an wesentlichen Fremdaktivitäten noch ^{122}Sb und ^{124}Sb festgestellt werden. Zur Erzielung der für die Korrektur ausreichenden Selektivität bei eventueller Inhomogenität dieser Verunreinigungen genügt die Integration der Gesamtzählrate zwischen 700 und 1400 keV. Dieses Vorgehen sichert kurze Meßzeiten, so daß die Messungen zur Neutronenflußkorrektur einer Aktivierungscharge nur wenige Minuten in Anspruch nehmen. Die spezifische Aktivität M_i der nach der Messung gewogenen Monitore wird auf die mittlere spezifische Aktivität aller n Monitore einer Aktivierungscharge bezogen und so für jede Aktivierungsampulle ein Korrekturfaktor

$$f_i = \frac{n \cdot M_i}{\sum_1^n M_i} \tag{1}$$

bestimmt. Dieser wird in die Auswertung einbezogen, indem er bei der Berechnung der spezifischen Aktivität S_{ij} jedes Auswertenuklids (j) in jeder Probe und jedem Standard (i) berücksichtigt wird nach

$$S_{ij} = \frac{Z_{ij}}{f_i \cdot g_i} \tag{2}$$

also quasi als Korrektur der Probeneinwaage g_i.

4. Anwendungsgrenzen der Korrekturmethode

Es ist klar, daß dieses einfache Vorgehen im wesentlichen nur die Variation des thermischen Neutronenflusses erfaßt und den Anteil der epithermischen Aktivierung unberücksichtigt läßt. Eine exakte Korrektur würde den hohen Aufwand der Messung des thermischen und epithermischen Flusses am Ort jeder Probe z. B. mit einer Zr-Sonde und die getrennte Korrektur am thermischen und epithermischen Aktivierungsanteil bedeuten.

Die Messungen des Neutronenflußgradienten zeigen, daß man näherungsweise zwischen den relativen Änderungen des epithermischen und des thermischen Flusses in der benutzten Aktivierungsposition einen Faktor

$$\frac{\Delta\Phi_{epi}}{\Phi_{epi}} \Big/ \frac{\Delta\Phi_{th}}{\Phi_{th}} \approx 2 \tag{3}$$

annehmen kann. Bei einer Änderung des thermischen Flusses um den Faktor t ändert sich der epithermische damit um den Faktor $(2\,t - 1)$, so daß sich in der Aktivierungsgleichung

$$A = N \cdot S(\sigma_{th}\Phi_{th} + I_0\Phi_{epi}) = N \cdot S \cdot \sigma_{th} \cdot \Phi_{th} \times \left(1 + \frac{w}{r}\right) \tag{4}$$

mit N = Anzahl der aktivierbaren Atome, S = Sättigungsfaktor $= 1 - e^{-\lambda t}$, σ_{th} = Aktivierungsquerschnitt für thermische Neutronen, I_0 = Resonanzintegral, $w = I_0/\sigma_{th}$ und $r = \Phi_{th}/\Phi_{epi}$ diese Änderung bemerkbar macht als

$$A' = N \cdot S \cdot \sigma_{th}\Phi_{th}\left(t + \frac{w}{r}(2\,t - 1)\right) \tag{5}$$

Der Korrekturfaktor $f = \dfrac{A'}{A}$ ist dann

$$f = \frac{t \cdot r + w(2\,t - 1)}{r + w} \tag{6}$$

Durch Einsetzen von $w = 1{,}05$ für Fe und $r = 51$ für die benutzte Aktivierungsposition erhält man aus einem für eine Aktivierungsampulle i gemessenen Wert f_{iFe}

$$t_i \approx 0{,}98\, f_{iFe} + 0{,}02 \tag{7}$$

und für ein Element j in dieser Ampulle über (6)

$$f_{ij} \approx \frac{50 f_{iFe} + 1 + (2 f_{iFe} - 1)\, w_j}{51 + w_j} \qquad (8)$$

Wird die durch (8) bewirkte Korrektur gleich 100% gesetzt, dann erreicht man mit der einfachen Korrektur nach (2) davon den prozentualen Anteil

$$c = \frac{f_{Fe} - 1}{f_{ij} - 1} \cdot 100\% \approx \frac{51 + w_j}{50 + 2w_j} \cdot 100\% \qquad (9)$$

Tab. 2. Verhältnis w von Resonanzintegral I_0 zu thermischem Aktivierungsquerschnitt σ_{th} sowie durch Korrektur nach (2) erreichter prozentualer Anteil c der durch (8) bewirkten Korrektur

Kernreaktion	$w = I_0/\sigma_{th}$ (nach [7])	c %
$^{23}Na(n, \gamma)^{24}Na$	0,59	101
$^{45}Sc(n, \gamma)^{46}Sc$	0,44	101
$^{50}Cr(n, \gamma)^{51}Cr$	0,53	101
$^{55}Mn(n, \gamma)^{56}Mn$	1,05	100
$^{58}Fe(n, \gamma)^{59}Fe$	1,05	100
$^{59}Co(n, \gamma)^{60}Co$	3,77	95
$^{63}Cu(n, \gamma)^{64}Cu$	1,14	100
$^{64}Zn(n, \gamma)^{65}Zn$	1,95	98
$^{71}Ga(n, \gamma)^{72}Ga$	5,32	93
$^{75}As(n, \gamma)^{76}As$	14,3	84
$^{74}Se(n, \gamma)^{75}Se$	9,09	89
$^{81}Br(n, \gamma)^{82}Br$	16,7	82
$^{85}Rb(n, \gamma)^{86}Rb$	15,6	83
$^{94}Zr(n, \gamma)^{95}Zr$	5,07	94
$^{98}Mo(n, \gamma)^{99}Mo$	53,6	67
$^{109}Ag(n, \gamma)^{110}Ag$	298	55
$^{121}Sb(n, \gamma)^{122}Sb$	29,0	75
$^{123}Sb(n, \gamma)^{124}Sb$	30,0	74
$^{133}Cs(n, \gamma)^{134}Cs$	15,5	83
$^{130}Ba(n, \gamma)^{131}Ba$	24,8	77
$^{139}La(n, \gamma)^{140}La$	7,8	90
$^{140}Ce(n, \gamma)^{141}Ce$	0,84	100
$^{141}Pr(n, \gamma)^{142}Pr$	1,22	100
$^{146}Nd(n, \gamma)^{147}Nd$	2,0	98
$^{152}Sm(n, \gamma)^{153}Sm$	13,8	84
$^{151}Eu(n, \gamma)^{152}Eu$	1,32	99
$^{168}Yb(n, \gamma)^{169}Yb$	7,81	90
$^{176}Lu(n, \gamma)^{177}Lu$	0,52	101
$^{180}Hf(n, \gamma)^{181}Hf$	2,22	98
$^{186}W(n, \gamma)^{187}W$	11,4	86
$^{185}Re(n, \gamma)^{186}Re$	15,4	82
$^{197}Au(n, \gamma)^{198}Au$	15,7	83
$^{202}Hg(n, \gamma)^{203}Hg$	0,88	100
$^{232}Th(n, \gamma)^{233}Th$	11,1	87
$^{238}U(n, \gamma)^{239}U$	103	60

In Tab. 2 sind für einige wichtige in der Aktivierungsanalyse benutzte Kernreaktionen mit langlebigen Reaktionsprodukten das Verhältnis w von Resonanzintegral und thermischem Querschnitt und der durch die einfache Korrektur (2) erreichte Anteil c der aufwendigeren, aber genaueren Korrektur (8) zusammengestellt, wenn die durch (8) bewirkte Korrektur gleich 100% gesetzt wird. Man sieht, daß in der meisten Anzahl der Fälle schon durch die einfache Korrektur ein hoher Anteil der Gesamtabweichung erfaßt wird, z. B. in 31 der 35 Reaktionen 75% und mehr, so daß die aufwendigere Einzelelementkorrektur nach (8) nur bei sehr hohen Werten für w angewendet zu werden braucht. Eine leichte Überkompensation tritt für die Elemente auf, deren Wert für w kleiner als der für Fe ist. Die Werte für c in Tab. 2 gelten natürlich streng nur für die benutzte Aktivierungsposition, sind aber typisch für Positionen mit überwiegendem thermischem Neutronenflußanteil. Aktiviert man im epithermischen Neutronenfeld, z. B. in einer Cd-Abschirmung, gilt die Korrektur (2) exakt, allerdings sollte dann ein Monitor mit höherer Aktivierungsempfindlichkeit verwendet werden.

5. Einsatz der Korrekturmethode

Die beschriebene Korrekturmethode wird seit mehreren Monaten für die Aktivierungsanalyse verschiedener Materialien angewandt. Sie gestattet gegenüber der vorher benutzten systematischen Anordnung von Mehrfachproben in der Aktivierungskapsel und ihrem Bezug auf einen Standardmittelwert eine Verringerung der Anzahl der Standards pro Aktivierungskapsel bei gleichzeitiger Verringerung des Analysenfehlers.

Die Abb. 2 zeigt die Verteilung der nach (1) berechneten Korrekturfaktoren f_i für drei Aktivierungskapseln bei der Analyse verschiedener Materialien mit Aktivierung in der Reaktorposition A 8/I. Die Neutronenflußabweichungen (und damit der Fehler einer unkorrigierten Einzelprobe) können bis zu ±20% des Mittelwertes betragen. Ein mit dem horizontalen Neutronenflußgradienten nach Tab. 1 gleichmäßig über den Aktivierungskapselquerschnitt abfallendes Neutronenfeld würde eine relative Standardabweichung der Verteilung der f_i von etwa 7,5% erzeugen. Die relativen Standardabweichungen der Verteilungen in Abb. 2 haben ähnliche Werte. Um diese Größe verbessert sich im Mittel bei Anwendung des Korrekturverfahrens die Reproduzierbarkeit bei geordnet verteilten Mehrfachproben bzw. die Richtigkeit bei ungeordneten Einzelproben gegenüber dem korrekturlosen Bezug auf einen mittleren Neutronenfluß für den gesamten Kapselquerschnitt.

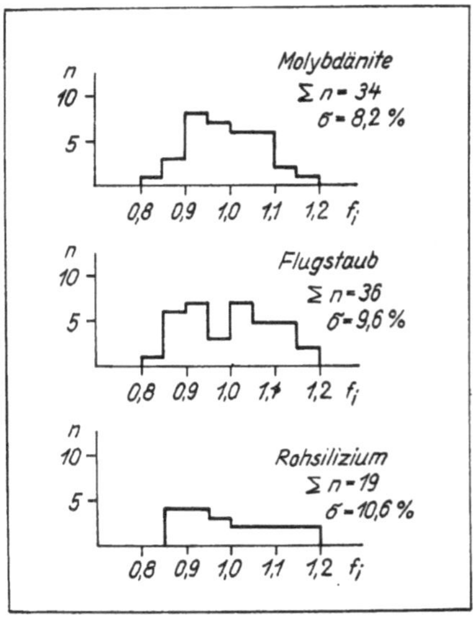

Abb. 2. Verteilung der Korrekturfaktoren f_i in drei Aktivierungen n = Anzahl der Ampullen (Proben und Standards); σ = relative Standardabweichung der Verteilung der f_i

Dies wurde bei der Analyse von Molybdäniten (erstes Beispiel in Abb. 2) überprüft. Durch instrumentelle Analyse wurden in 6 Molybdäniten u. a. die Gehalte von Na, Fe, Se, W und Re bestimmt. Je drei Parallelproben jedes Molybdänits und je drei Standards waren so gut wie möglich gleichmäßig geordnet über den Kapselquerschnitt verteilt. Die Auswertung erfolgte mit und ohne Neutronenflußkorrektur. Bei etwa gleichen Mittelwerten für die 5 Elemente aus beiden Auswertungen lieferte die Auswertung ohne Korrektur eine mittlere relative Standardabweichung aus der Dreifachbestimmung von 10,7%, während die mit Korrektur 6,4% ergab. Die quadratische Differenz von $\sigma = (10{,}7^2 - 6{,}4^2)^{1/2}\% = 8{,}6\%$ stellt die Verbesserung durch die Korrektur dar und stimmt mit der aus Abb. 2 gut überein. Die verbleibenden 6,4% enthalten die übrigen Analysenfehler einschließlich der Zählstatistik und eventueller Probeninhomogenitäten.

Das Beispiel zeigt, daß die beschriebene Korrekturmethode wesentliche und für die Spurenanalytik ausreichend genaue Verringerungen des Fehlers der Aktivierungsanalyse ergibt.

Die Autoren danken Dr. sc. *G. Hartmann* für anregende Diskussionen.

Eingegangen am 18. 3. 1981

Literatur

[1] *F. A. Lundgren, S. S. Nargolwalla*, Anal. Chem. **40** (1968) 672
[2] *M. Geisler*, Isotopenpraxis **7** (1971) 321
[3] *M. Kubsch, U. Herrmann*, Untersuchungen zur Erhöhung von Präzision und Richtigkeit in der INAA, Vortrag 2. Tagung Nukleare Analysenverfahren, Dresden 19.–23. 3. 1979
[4] *W. Kohler, R. Vaninbroukx*, Int. J. Appl. Radiotion Isotopes **22** (1971) 529
[5] *D. M. Bibby, S. E. Rasmussen*, Radiochem. Radioanal. Letters **9** (1972) 1
[6] *A. Simonits, F. DeCorte, J. Hoste*, J. Radioanal. Chem. **31** (1976) 467
[7] Handbook on Nuclear Activation Cross-Sections, IAEA Technical Reports Series No. 156, Vienna 1974

Ein einfacher Aufbau zur Erzeugung eines Feldes thermischer Neutronen

G. Rodloff, E. Schönfeld, K. Groche, H. Greupner, H. Rothe

(Amt für Standardisierung, Meßwesen und Warenprüfung, Fachabteilung Ionisierende Strahlung) [1]

Es wird eine einfache Anordnung beschrieben, die es erlaubt, ein Feld thermischer Neutronen in einem Wasserbad mittels radioaktiver Neutronenquellen zu erzeugen. Sie diente dazu, noch vor der Inbetriebnahme des endgültigen Flußdichtenormals des ASMW die Einheit der Flußdichte thermischer Neutronen an Anwender aus der Volkswirtschaft weiterzugeben. Die Bestimmung der Flußdichte erfolgte durch eine definierte Aktivierung von Goldfolien. Der Wert der „Flußdichte thermischer Neutronen unter der Kadmiumabschneideenergie" ergab sich für diese Anordnung bei einem Kadmiumverhältnis von 8,9 ± 0,7 zu (1,44 ± 0,04) · 10^4 cm^{-2} s^{-1}. Die *Meßunsicherheit betrug ca. 3%.*

Keywords

calibration; equipments; errors; flux density; measuring methods; neutron flux; thermal neutrons

1. Einleitung

Als höchste Normale zur Darstellung der Einheit der Flußdichte thermischer Neutronen dienen gewöhnlich Anordnungen mit festen Moderatorsubstanzen wie Polyethylen und Graphit [1–3]. Es existieren verschiedene Möglichkeiten, die Flußdichte eines Feldes moderierter Neutronen anzugeben [4]. Um den Einfluß der epithermischen Komponente des Spektrums der moderierten Neutronen auf den Wert der Flußdichte gering zu halten, wurde hier die „Flußdichte thermischer Neutronen unterhalb der Kadmiumabschneideenergie" $\varphi_{th} = n_{th} \cdot v_0$ bestimmt. Hierbei ist n_{th} die Zahl der Neutronen mit Energien unterhalb der Kadmiumabschneideenergie ($E_{Cd} \approx 0{,}5$ eV) je cm^3 und v_0 die wahrscheinlichste Geschwindigkeit in einem Feld thermischer Neutronen der Temperatur $T_0 = 293{,}6$ K ($v_0 = 2200$ m · s^{-1}).

Die Ermittlung dieser Flußdichte erfolgt durch die Aktivierung von Goldfolien und die anschließende Bestimmung ihrer Aktivität. Auf Grund des Verlaufs der Energieabhängigkeit des Aktivierungsquerschnitts von Gold tragen dabei auch epithermische Neutronen zur Aktivität der Folien bei. Deshalb werden zusätzlich die Aktivitäten von unter Kadmiumabdeckungen aktivierten Goldfolien bestimmt, um den von Neutronen mit Energien oberhalb der Kadmiumabschneideenergie herrührenden Anteil an der Gesamtaktivität zu ermitteln. Die „Flußdichte thermischer Neutronen unterhalb der Kadmiumabschneideenergie" wird dann errechnet nach

$$\varphi_{th} = n_{th} \cdot v_0 = \frac{A - F_{Cd} A_{Cd}}{GHg(T)\,\sigma_0 N} \tag{1}$$

mit:
- A – massenbezogene Sättigungsaktivität pro g Folie. Bei der Aktivierung wurde die Folie aus praktischen Gründen in eine Aluminiumkapsel der gleichen Form wie die Kadmiumkapsel eingeschlossen.
- A_{Cd} – massenbezogene Sättigungsaktivität pro g der mit Kadmium abgedeckten Folie
- F_{Cd} – Kadmiumkorrektionsfaktor
- G, H – Korrektionsfaktoren für Selbstabschirmung und Flußdepression
- N – Zahl der Absorberatome pro g Folienmaterial
- $g(T)$ – *Westcott*-Faktor zur Berücksichtigung der Abweichung des Aktivierungsquerschnitts vom Verlauf $\sigma = \sigma_0 \frac{v_0}{v}$ unterhalb der Kadmiumabschneideenergie [5]
- σ_0 – Aktivierungsquerschnitt des Detektormaterials bei v_0; σ_0 (Au) = (9880 ± 30) fm^2 [6].

[1]) Anschrift: DDR 1162 Berlin, Fürstenwalder Damm 388

2. Beschreibung der Aktivierungseinrichtung

Als Quellen standen eine ^{239}PuBe(α, n)-Neutronenquelle der Quellstärke $Q = (2{,}494 \pm 0{,}045) \cdot 10^6\, s^{-1}$ und eine ^{241}AmBe(α, n)-Neutronenquelle mit $Q = (2{,}319 \pm 0{,}035) \times \times 10^6\, s^{-1}$ zur Verfügung. Als Moderator wurde Wasser verwendet, das sich in einem quaderförmigen Behälter der Abmessungen 1400 mm × 1400 mm × 1100 mm befand. Zur Fixierung der Lagen der Neutronenquellen und des Aufnahmebehälters für die zu aktivierenden Goldfolien in dem Moderator diente eine Lochplatte, die über der Mitte des Wasserbades fest angebracht war (Abb. 1).

Der Aufnahmebehälter war zylinderförmig und bestand aus Plexiglas (Abb. 2). Das Volumen des Behälters betrug etwa 35 cm³. Da die Wechselwirkungen der Neutronen mit der Luft hier vernachlässigbar sind, konnte davon ausgegangen werden, daß das Feld innerhalb des Behälters homogen ist.

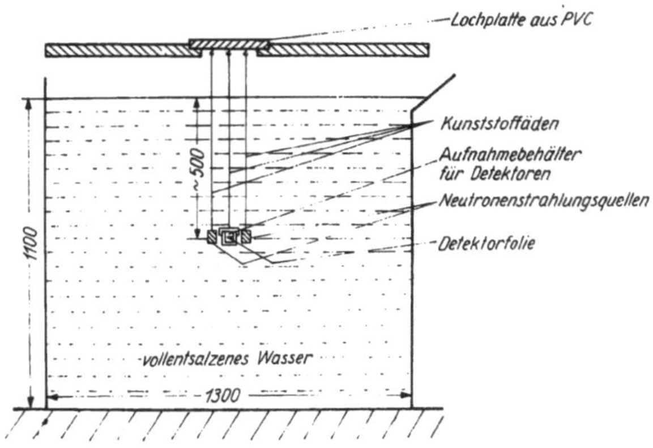

Abb. 1. Prinzipskizze der Aktivierungseinrichtung
Bitte beachten: Statt ←1300→ lies ←1400→

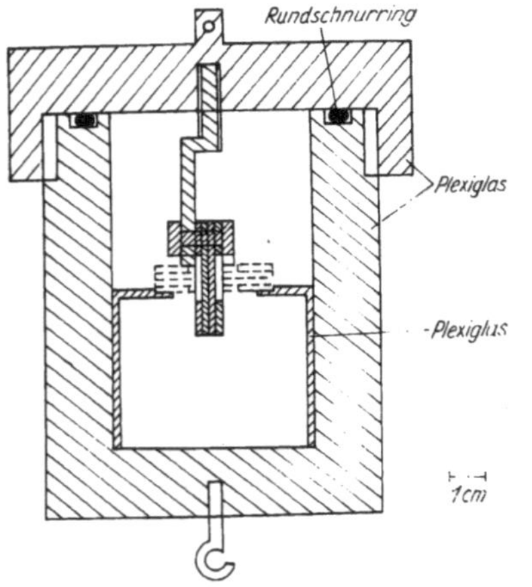

Abb. 2. Skizze des Aufnahmebehälters für die Folien

Die verwendeten Detektorfolien hatten einen Durchmesser von 7 mm und eine Nenndicke von 40 µm. Ihre Massen betrugen ca. 30 mg, sie wurden mit einer Meßunsicherheit von ±20 µg bestimmt. Die Folien konnten in Kapseln untergebracht werden, die das allseitige Umschließen mit Aluminium oder Kadmium der Dicke 1 mm ermöglichten. Während der Aktivierungen hingen die Neutronenquellen und der Folienbehälter im Wasserbad in einer Tiefe von ca. 50 cm. Der Abstand Folienbehälter-Quelle durfte nur wenige Zentimeter betragen, um bei Verwendung der o. g. Neutronenquellen einen Flußdichtewert größer $1 \cdot 10^4\, cm^{-2}\, s^{-1}$ zu erreichen. Die Aufhängepunkte an der Lochplatte lagen auf einer Geraden mit einem Abstand von jeweils 6 cm zwischen Quellen- und Behälteraufhängung. Dadurch ergab sich eine Moderatordicke (Wasser + Plexiglas) von ca. 3 cm.

3. Bestimmung der Neutronenflußdichte und des Kadmiumverhältnisses

3.1. *Korrektionsfaktoren*

Der Kadmiumkorrektionsfaktor F_{Cd} berücksichtigt, daß das Kadmium kein ideales Filter für thermische Neutronen ist, sondern einerseits einen Teil der Neutronen mit Energien oberhalb der Kadmiumabschneideenergie absorbiert und andererseits für Neutronen mit Energien unterhalb dieser Energie durchlässig ist. Bei einer Filterdicke von 1 mm kann letzterer Effekt vernachlässigt werden.

Der Wert F_{Cd} hängt von der Filterdicke, der Dicke der Detektorfolie und der Winkelverteilung der auftreffenden Neutronen ab. Für die Filterdicke 1 mm, die Dicke der Detektorfolie 40 µm und isotropes Feld wurde $F_{Cd} = 1{,}01 \pm 0{,}01$ verwendet [2, 3, 7].

Für die Aluminiumkapseln wurde eine ähnliche Korrektion nicht angebracht, weil die Wechselwirkungsprozesse der Neutronen in der 1 mm dicken Aluminiumumhüllung vernachlässigbar sind.

Der Selbstabschirmfaktor $G \leqq 1$ korrigiert die Abnahme der Neutronenflußdichte innerhalb der Detektorfolie. Er stellt das Verhältnis der Absorptionswahrscheinlichkeit der Sonde endlicher Dicke zur Absorptionswahrscheinlichkeit einer ideal dünnen Sonde dar [8]. Für die hier verwendeten Goldfolien der Dicke $d = (40 \pm 7)$ µm ergab sich $G = 0{,}942 \pm 0{,}008$.

Der Flußdepressionsfaktor $H \leqq 1$ kann im vorliegenden Fall, in dem die Detektorfolie von einer Luftschicht ausreichender Dicke umgeben ist, vernachlässigt werden.

Der *Westcott*-Faktor $g(T)$ als Funktion der Temperatur der thermischen Neutronen ist in [5] tabellarisiert. Für ein Feld thermischer Neutronen, das durch Moderierung schneller Neutronen in einem wasserstoffhaltigen Moderator erzeugt wurde, ergab sich eine Neutronentemperatur von 314 K [3]. Daraus folgt für den *Westcott*-Faktor ein Wert von $g = 1{,}0064 \pm 0{,}0011$.

3.2. *Kadmiumverhältnis*

Der Grad der Thermalisierung des Neutronenfeldes wird auch durch das Kadmiumverhältnis R_{Cd} charakterisiert. Es ist definiert als das Verhältnis der massenbezogenen Sättigungsaktivitäten der unter Aluminiumabdeckung (A) und unter Kadmiumabdeckung (A_{Cd}) aktivierten Detektorfolien:

$$R_{Cd} = \frac{A}{A_{Cd}} \qquad (2)$$

3.3. *Aktivitätsbestimmung*

Für die Bestimmung der Flußdichte und des Kadmiumverhältnisses wurden insgesamt 16 Aktivierungen von Goldfolien unter Aluminiumabdeckung und 6 unter Kadmiumabdeckung durchgeführt. Die Aktivität der Folien wurde mit einer 4πβ-γ-Koinzidenzmeßeinrichtung [9] gemessen. Die massenbezogenen Sättigungsaktivitäten der unter Aluminiumabdeckung aktivierten Folien wurden nach der Koinzidenzmethode bestimmt:

$$A = \frac{1}{m} \cdot \frac{N_\beta \cdot N_\gamma}{N_K} \cdot f_{\tau T} \cdot f_{\tau K} \cdot f_t \cdot f_k \qquad (3)$$

mit: N_β, N_γ, N_K – mittlere Zählrate im β-, γ- und Koinzidenzkanal bei Aktivierungsende, korrigiert auf Nulleffekt

m – Masse der aktivierten Folie

$f_{\tau T}$ – Korrektionsfaktor für die Totzeitverluste bei der Koinzidenzmessung

$f_{\tau K}$ – Korrektionsfaktor für zufällige Koinzidenzen

f_t – Korrektionsfaktor für endliche Aktivierungsdauer $f_t = (1 - e^{-\lambda t})^{-1}$ (λ – Zerfallskonstante des ^{198}Au, $\lambda = \frac{\ln 2}{T_{1/2}}$, $T_{1/2}$ (^{198}Au) = (2,695 ± ± 0,001) d [10])

f_k – Korrektionsfaktor für innere Konversion und Effekte in Folie und Detektoren.

Bei den unter Kadmium aktivierten Folien, die naturgemäß eine geringere massenbezogene Sättigungsaktivität aufweisen, unterschied sich die Zählrate im γ-Kanal nur wenig von der Nulleffektrate, woraus sich eine relativ große Meßunsicherheit ergeben würde. Deshalb wurden diese Aktivitätsmessungen als β-Relativmessungen ausgewertet, wobei gilt:

$$A_{Cd} = \frac{1}{m} \cdot \frac{N_\beta}{\varepsilon_\beta} \cdot f_{\tau\beta} \cdot f_t \cdot f_k \qquad (4)$$

mit: $f_{\tau\beta}$ – Korrektionsfaktor für Totzeitverluste der β-Zählrate.

ε_β – Nachweiswahrscheinlichkeit für die β-Teilchen. Sie wird bestimmt nach:

$$\varepsilon_\beta = \frac{N_K}{N_\gamma} \cdot \frac{f_{\tau\beta}}{f_{\tau T} \cdot f_{\tau K}} \qquad (5)$$

Aus den Meßergebnissen der unter Aluminiumabdeckung aktivierten Folien wurde $\bar{\varepsilon}_\beta$ zu

$$\bar{\varepsilon}_\beta = 0{,}454 \pm 0{,}027 \qquad P = 95\%$$

ermittelt. Mit diesem Wert wurde der Korrektionsfaktor f_k für die von uns verwendeten Goldfolien einer Dicke von (40 ± 7) µm abgeschätzt zu

$$f_k = 0{,}959 \pm 0{,}005$$

3.4. *Ergebnisse*

In Tab. 1 sind die für die Berechnung der „Flußdichte thermischer Neutronen unterhalb der Kadmiumabschneideenergie" und in Tab. 2 die für die Berechnung des Kadmiumverhältnisses erforderlichen Bestimmungsgrößen mit den dazugehörigen Fehlern zusammengestellt.
In Tab. 1 bedeuten:

a_{x_i} – Grenze des systematischen Fehleranteils der i-ten Einflußgröße x_i

s_{x_i} – Standardabweichung der Einzelwerte der Einflußgröße x_i

n_i – Zahl der Einzelmessungen der Einflußgröße x_i

$t_i(P, n_i)$ – *Student*-Faktor

Die Meßunsicherheiten der Werte für die Flußdichte und das Kadmiumverhältnis werden nach dem von *von Martens* und *Pippig* [11] vorgeschlagenen Verfahren ermittelt. Danach wird der zufällige Fehleranteil $\Delta\varphi_{th,f}$ bzw. $\Delta R_{Cd,f}$ nach

$$\Delta\varphi_{th,f} = \sqrt{\sum_{i=1}^{l} \left(\frac{t_i(P, n_i)}{\sqrt{n_i}} \frac{\partial\varphi_{th}}{\partial x_x} s_{x_i} \right)^2} \qquad (6)$$

Tab. 1. Bestimmungsgrößen für die „Flußdichte thermischer Neutronen unterhalb der Kadmiumabschneideenergie"

Einflußgröße x_i	Wert	relativer systemat. Fehleranteil $\frac{a_{x_i}}{x_i}$	relativer zufäll. Fehleranteil $\frac{t_i}{\sqrt{n_i}} \frac{s_{x_i}}{x_i}$ $P = 95\%$	Gewicht $\frac{\partial\varphi_{th}}{\partial x_i} \frac{x_i}{\varphi_{th}}$	relativer gewicht. Fehleranteil
A	4,653 kBq · g^{-1}				
mit: m		0,6 · 10^{-3}	–	1,13	0,07 · 10^{-2}
$\frac{N_\beta N_\gamma}{N_K} f_{\tau T} f_{\tau K}$		–	1,80 · 10^{-2}	1,13	2,03 · 10^{-2}
f_t		0,3 · 10^{-3}	–	1,13	0,03 · 10^{-2}
f_k		0,5 · 10^{-2}	–	1,13	0,57 · 10^{-2}
A_{Cd}	0,522 kBq · g^{-1}				
mit: m		0,6 · 10^{-3}	–	0,13	0,01 · 10^{-2}
N_β		–	3,47 · 10^{-2}	0,13	0,45 · 10^{-2}
ε_β		6,0 · 10^{-2}	–	0,13	0,78 · 10^{-2}
f_t		0,3 · 10^{-3}	–	0,13	–
f_k		0,5 · 10^{-2}	–	0,13	0,07 · 10^{-2}
$f_{\tau\beta}$		–	–	0,13	–
F_{Cd}	1,01	1,0 · 10^{-2}	–	0,13	0,13 · 10^{-2}
G	0,942	0,85 · 10^{-2}	–	1	0,85 · 10^{-2}
g	1,0064	0,1 · 10^{-2}	–	1	0,1 · 10^{-2}
σ_0	9880 fm^2	0,3 · 10^{-2}	–	1	0,3 · 10^{-2}
N	3,0573 · 10^{21} g^{-1}	–	–	1	–

Tab. 2. Bestimmungsgrößen für Kadmiumverhältnis

Einflußgröße x_i	Wert	relativer systemat. Fehleranteil $\frac{a_{x_i}}{x_i}$	relativer zufälliger Fehleranteil $\frac{t_i}{\sqrt{n_i}} \frac{s_{x_i}}{x_i}$ $P = 95\%$
A	$4{,}653\ \mathrm{kBq} \cdot \mathrm{g}^{-1}$		
mit: m		$0{,}6 \cdot 10^{-3}$	—
$\frac{N_\beta N_\gamma}{N_K} f_{\tau T} f_{\tau K}$		—	$1{,}80 \cdot 10^{-2}$
f_t		$0{,}3 \cdot 10^{-3}$	—
f_k		$0{,}5 \cdot 10^{-2}$	—
A_{Cd}	$0{,}522\ \mathrm{kBq} \cdot \mathrm{g}^{-1}$		
mit: m		$0{,}6 \cdot 10^{-3}$	—
N_β		—	$3{,}47 \cdot 10^{-2}$
ε_β		$6{,}0 \cdot 10^{-2}$	—
f_t		$0{,}3 \cdot 10^{-3}$	—
f_k		$0{,}5 \cdot 10^{-2}$	—
$f_{\tau\beta}$		—	—

und der systematische Fehleranteil nach

$$\Delta\varphi_{th,s} = t(P) \sqrt{\frac{1}{3} \sum_{i=1}^{m} \left(\frac{\partial \varphi_{th}}{\partial x_i} a_{x_i} \right)^2} \qquad (7)$$

berechnet. Die Gl. (7) gilt dann, wenn mehr als 4 systematische Fehleranteile zusammengefaßt werden. Unter Beachtung dieser Bedingung gilt für die Zusammenfassung des zufälligen und des systematischen Fehleranteils zur Meßunsicherheit:

$$\Delta\varphi_{th} = \sqrt{(\Delta\varphi_{th,f})^2 + (\Delta\varphi_{th,s})^2} \qquad (8)$$

Entsprechend Gl. (1) und den in Tab. 1 angegebenen Werten der Einflußgrößen wurde für die „Flußdichte thermischer Neutronen unterhalb der Kadmiumabschneideenergie“ ein Wert von

$$\varphi_{th} = (1{,}44 \pm 0{,}04) \cdot 10^4\ \mathrm{cm}^{-2}\ \mathrm{s}^{-1} \qquad P = 95\%$$

ermittelt. Der zufällige Fehleranteil beträgt dabei 2,08% und der systematische 1,58%.

Nach Gl. (2) folgt aus Tab. 2 für das Kadmiumverhältnis

$$R_{Cd} = 8{,}9 \pm 0{,}7 \qquad P = 95\% .$$

4. Diskussion

Die in der vorliegenden Arbeit vorgestellte Meßanordnung stellt einen ersten Schritt zur Darstellung und Weitergabe der Einheit der Flußdichte thermischer Neutronen im ASMW dar. Der Aufbau des endgültigen Flußdichtenormals ist inzwischen abgeschlossen [12].

Die bei der Flußdichtebestimmung erreichte Meßunsicherheit von 3% kann durch Verbesserung der Zählstatistik bei der Aktivitätsmessung noch reduziert werden. Weiterhin müßte für die zu verwendenden Detektorfolien die Nachweiswahrscheinlichkeit der β-Teilchen und γ-Quanten bei definierten Meßbedingungen mit einer geringeren Meßunsicherheit bestimmt werden. Die beschriebene Anordnung wurde bereits genutzt, um Anschlußmessungen für Anwender durchzuführen.

Eingegangen am 18. 2. 1981

Literatur

[1] *C. K. Hargrove, K. W. Geiger,* Canad. Journal of Physics **42** (1964) 1593

[2] *M. Matzke, H. J. Bortfeldt,* Metrologia **7** (1971) 153

[3] *J. A. Jarizyna, E. P. Kutscherjawenko, T. M. Kutejewa, W. A. Tumolski, E. A. Frolow, I. A. Charitonow,* Ismeritelnaja technika Nr. 6 (1977) 75

[4] ICRU-Report 13, 1969

[5] *C. H. Westcott,* Effective cross section values for well-moderated thermal reactor spectra, Chalk River, Ontario 1960

[6] *S. F. Mughabghab, D. I. Garber,* Neutron Cross Sections, Report BNL 325, Vol. I, Juni 1973

[7] *E. A. Axton,* Metrologia **6** (1970) 25

[8] *W. Bothe,* Z. f. Physik **120** (1943) 437

[9] *E. Schönfeld,* Isotopenpraxis **7** (1971) 262

[10] *E. Schönfeld,* Isotopenpraxis **14** (1978) 329

[11] *H. v. Martens, E. Pippig,* Feingerätetechnik **28** (1979) 359

[12] ASMW-Abschlußbericht zum Thema „Dosimetrie von Quanten- und Neutronenstrahlung“, Berlin, Juni 1980

Determination of the Nuclear Fuel Burning Process Balance by Gamma Spectrometry of Fission Products

Part I — Determination of the Fuel Burn-up by Measuring Activities of ^{137}Cs, ^{134}Cs, and ^{106}Ru

V. Bulovič, J. Krtil *), *F. Sus,* *) *Z. Maksimovic, E. Klosova* *)

(Boris Kidrič Institute of Nuclear Sciences, Vinča — Belgrade, Yugoslavia; *) Nuclear Research Institute, Řež, Czechoslovakia)

Possibility of the determination of the fuel burn-up of a heavy water reactor on the basis of ^{106}Ru, ^{134}Cs and ^{137}Cs activity measurement has been investigated experimentally. The experiments were performed with the fuel from the first Czechoslovak nuclear power plant A 1, which consisted of natural metallic uranium. The burn-up was determined: (1) by the investigated gamma-spectrometric procedure and (2) on the basis of the mass-spectrometric measurements of U, Pu and Nd isotope composition and content. Both groups of the results were compared and their differences did not exceed the sum of their estimated errors.

Keywords

burn-up; fission products; gamma spectroscopy; mass spectroscopy; nuclear fuels; spent fuels

Introduction

The existing gamma-spectrometric procedures for the determination of the nuclear fuel burn-up are divided both according to the used solution of the problem and the quality of the obtained results.

In the earlier solutions the relations between the participants in the burn-out process were usually expressed by means of a simple approximation, and the determination of the burn-up was based on the measurement of only one fission product. This led to some simplification of the problem solved, but also resulted in certain shortcomings of the result obtained.

In more recent and further developed solutions the relations in the burn-out process are described more correctly and the determination of the fuel burn-up is based on the measurement of several fission products, which, at the end, led to a better result.

In our previous paper [1] the possibility of a more correct determination of the fuel burn-up of the first Czechoslovak nuclear power plant, A 1, was studied theoretically. The basic aim of the present work was to verity experimentally the previously obtained solution.

In the solution investigated a complexity of the relations in the burn-out process has been taken into account. The burn-up is obtained by calculating the balance, and the determination of the unknown magnitudes is based on the measurement of ^{106}Ru, ^{134}Cs and ^{137}Cs activities. The magnitudes used for the burn-up calculation were determined:

- the neutron flux on the basis of ^{137}Cs
- the neutron spectrum hardness on the basis of ^{134}Cs[1]) and
- the cross section of ^{238}U(n, γ)^{239}U reaction on the basis of ^{106}Ru.

[1]) Actually, the parameter „r“ from the *Westcott's* formalism is determined.

Experimental

The experiments were performed on the fuel, which was irradiated in reactor for one year, and cooled outside reactor for ≈ 640 days.

The amounts of ^{106}Ru, ^{134}Cs and ^{137}Cs were determined gamma-spectrometrically. The activity of ^{137}Cs (Bq/mg U) was determined with an error of 2%, and the activity quotients ^{106}Ru/^{137}Cs and ^{134}Cs/^{137}Cs were measured with an error of 5% [2].

The isotopic composition and contents of U, Pu and Nd were determined mass spectrometrically [3].

Results

The fuel burn-up in analyzed samples was determined in several ways, by using several procedures, which enabled one to obtain several qualititatively different burn-up data.

By the procedure investigated, the total number of fissions of all fissile isotopes (N_t^f) and the numbers of fissions of ^{235}U (N_5^f), ^{239}Pu (N_9^f), ^{238}U (N_8^f) and ^{241}Pu (N_1^f) — per 1 mg of uranium are obtained[2]). Thereby, numbers of fissions were determined from each particular fuel spectrum, and then the mean values and the square errors of the results were calculated for each particular sample. These data are given in Tab. 1.

The total number of fissions (N_t^f) was also determined by an earlier gamma-spectrometric procedure, from the relation:

$$N_t^f = \frac{N_{137}^t}{Y} f(t) \tag{1}$$

where: N_{137}^t is the amount of cesium ^{137}Cs (at/mg U) at the time of its measurement, Y is its fission yield in the fuel

[2]) All the forms of presenting the burn-up are based on the fuel quantity before irradiation. For this reason, in the present paper 1 mg U actually represents that amount what remained after irradiation 1 mg U.

Tab. 1. The burn-up values obtained by the investigated procedure

Fuel sample	(fissions/mg U) × 10^{14}				
	N_t^f	N_5^f	N_9^f	N_8^f	N_1^f
101	130*) (2)	85 (3)	38 (2)	5·8 (1)	1·2 (1)
103	156 (2)	93 (4)	53 (2)	7·1 (1)	2·3 (1)
105	171 (2)	99 (4)	61 (4)	7·8 (1)	3·1 (2)
107	176 (2)	105 (3)	60 (3)	8·1 (1)	3·1 (2)
109	168 (2)	102 (2)	55 (1)	7·6 (1)	2·7 (1)

*) Mean value and mean square error (in parentheses) on the final digit of the result

Tab. 2. The burn-up values, obtained by control procedure

Fuel sample	(fissions/mg U) × 10^{14}			
	N_t^f from ^{137}Cs	N_t^f from ^{148}Nd	N_5^f from is. U	N_9^f from is. Pu
101	133	130	83·6	35·9
103	159	157	95·6	48·8
105	176	177	100·6	56·9
107	181	178	101·4	60·3
109	172	170	99·2	56·7
Error in %	5–7	4–5	2–3	4–6

(at/fis) and $f(t)$ is the correction factor for the ^{137}Cs losses due to radioactive decay during the irradiation and cooling of the fuel [4].

In the calculation of N_t^f from eq. (1) it was assumed that the fission yield of ^{137}Cs in the uranium fuel investigated is equal to the yield from the fission of ^{235}U. The burn-up was determined separately from each fuel spectrum and the obtained mean values of the results are presented in the first column of Tab. 2.

The total number of fissions, and the number of fissions of ^{235}U and ^{239}Pu are also determined from the results of mass-spectrometric analyses.

The total number of fissions was determined on the basis of ^{148}Nd [4] and the increase of its content due to the reaction $^{147}Nd(n, \gamma)^{148}Nd$ has been corrected by using *Maeck's* data [5]. The N_t^f values obtained in this way are given in the second column of Tab. 2.

The number of fissions of ^{235}U was determined from the ^{235}U and ^{236}U contents, using eq. (1) of Ref. [6] and the loss of ^{236}U by (n, γ)reaction was corrected. These results are given in the third column of Tab. 2.

Finally, the number of fissions of ^{239}Pu was determined from ^{240}Pu, ^{241}Pu and ^{242}Pu contents, using eq. (5) of Ref. [7]. The obtained burn-up values are given in the last column of Tab. 2.

Discussion

The accuracy of the results obtained by the investigated procedure was estimated by comparing the values for N_t^f, N_5^f and N_9^f from Tab. 1 and 2. In none of the cases the difference between any two compared results (Tab. 3) is greater than the sum of their declared errors (Tab. 1 and 2). In this respect, the accuracy of the investigated procedure has been proved experimentally.

Tab. 3. The difference (in %) between the results obtained by the investigated and the control procedures

Fuel sample	the compared quantity and the control procedure			
	N_t^f from ^{137}Cs	N_t^f from ^{148}Nd	N_5^f from is. U	N_9^f from is. Pu
101	−2	0	2	6
103	−2	−1	−3	8
105	−3	−3	−2	7
107	−3	−1	4	−1
109	−2	−1	3	−3
/5	−2	−1	−1	3

A comparison of the two used gamma-spectrometric procedures is a much greater problem.

Both procedures use almost the same results of one and the same analysis. The first (earlier one) — requires data on the kind of fuel (^{233}U or ^{235}U etc.) and on "the history" of the reactor operation; it is characterized by small consumption of work for calculations and enables the determination of the total burn-up only. The second (i. e., the procedure investigated) requires considerably more data on the reactor and fuel, and much more calculation³) but it also makes possible the determination of the contribution of particular fissile isotopes.

N_t^f is the only common output quantity for the two compared procedures. In the first procedure it is determined from one integral relation (eq. (1)), and in the second one, it is determined through a solution of a system of differential equations [1]. Actually, in both procedures, N_t^f is determined from the content of ^{137}Cs (N_{137}), but: a) in the

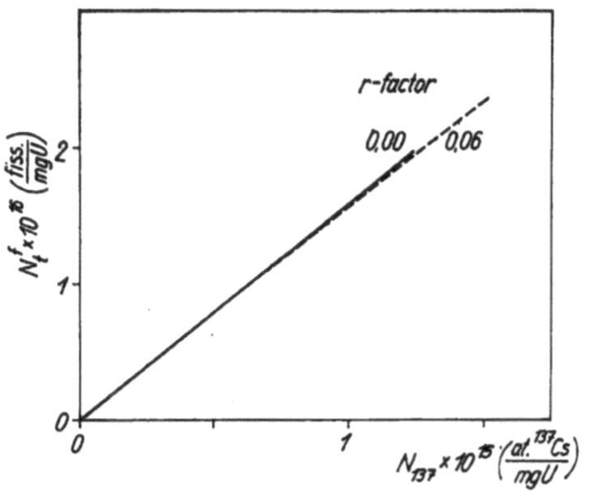

Fig. 1. Computed dependence of the total number of fissions (N_t^f) on the number of ^{137}Cs atoms (N_{137}) in the studied fuel at the time of the removal from the reactor

³) Which are difficult to perform without computer.

first one — from a linear equation (1) and b) in the second one — from the non-linear correlations shown in Fig. 1. In both procedures, the corrections of the ^{137}Cs losses due to its radioactive decay during the irradiation of the fuel, although differently formally functionally expressed, are so successful[4]) that can be left out from further discussion. For this reason it can be concluded that in both procedures N_t^f is essentially determined from one and the same relation:

$$N_t^f = \frac{N_{137}^0}{Y_{ef}} \tag{2}$$

where: N_{137}^0 is a number of formed atoms of ^{137}Cs (at/mg U) and Y_{ef} is its effective fission yield in the fuel (at/fis).

The numerator of the above fraction is common for both procedures, but the denominator is not. Namely, in the first procedure it has been assumed that Y_{ef} equal to the yield of ^{137}Cs from ^{235}U fission, and in the second one — Y_{ef} is determined by:

$$Y_{ef} = \sum_j Y_j \left(\frac{N_j^f}{N_t^f}\right) \tag{3}$$

where the index j refers to each particular kind of fissile nuclides[5]).

Error of N_t^f obtained from eq. (2) is caused by the error of determination of N_{137}^0 and the error of "estimation" of Y_{ef} value. The former (ΔN_{137}^0), is the same for both procedures and is ~2·5%. The latter, (ΔY_{ef}) is determined by:

$$\Delta Y_{ef} = \sum_j \frac{N_j^f}{N_t^f} \Delta Y_j + Y_j \Delta \frac{N_j^f}{N_t^f} \tag{4}$$

where: the first term of the above expression defines the contribution of the error of the literature data (ΔY_j), and the second — of participation of N_j^f in N_t^f. Therefore, ΔY_{ef} is: (a) ~5% in the first and (b) ~2·5% in the second procedure.

On the basis of this discussion two conclusions can be drawn: First, N_t^f errors, from the first, i.e., earlier, and the second, i. e., investigated procedure (Tab. 2 and 1, respectively) are about 6 and 3·5%, respectively. Second, the decrease of the error in the investigated procedure results from specifying individual contributions of the fissile isotopes to the burn-up.

The errors of the number of fissions of ^{235}U, ^{239}Pu, ^{238}U and ^{241}Pu from Tab. 1 are caused by: (1) errors of measurement of ^{106}Ru, ^{134}Cs and ^{137}Cs and (2) errors supplied by the literature and other used data. The magnitudes of the errors of number of fissions were estimated similarly as those of the contents of the plutonium isotopes in the fuel. The procedure of estimation of these errors is given in the second part of the paper [8]. The errors of the number of fissions of ^{235}U and ^{239}Pu are primarily due to the errors of measurements of fission products; they are determined from the dependences in Fig. 2 and 3, and amount to ~5 and 8%, respectively. Errors of number of fissions of ^{238}U and ^{241}Pu are prominently higher (20—30%), primarily due to a high contribution of errors of the used literature and other data.

4) Errors are of order of promille.

5) Eq. (3) correlates eq. (2) with the following two basic relations:
a) $N_t^f = \sum_j N_j^f$ and b) $N_{137}^0 = \sum_j Y_j N_j^f$

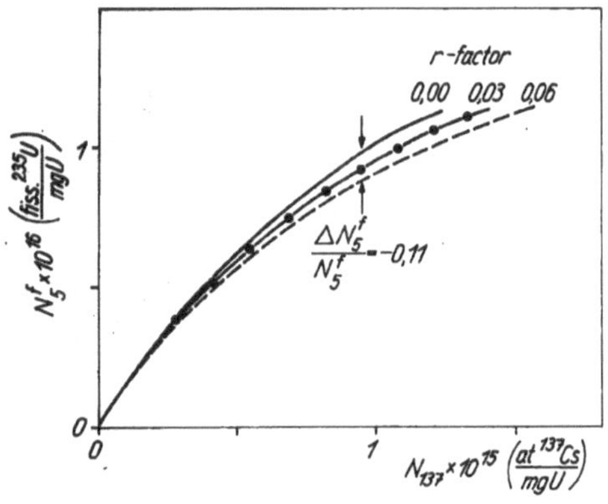

Fig. 2. Computed dependence of the number of fissions of ^{235}U (N_5^f) on the number of ^{137}Cs atoms (N_{137}) in the studied fuel at the time of the removal from the reactor

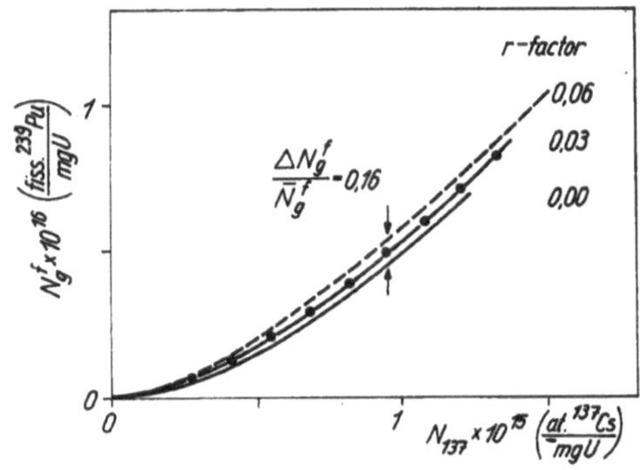

Fig. 3. Computed dependence of the number of fissions of ^{239}Pu (N_9^f) on the number of ^{137}Cs atoms (N_{137}) in the studied fuel at the time of the removal from the reactor

Conclusion

The basic advantage of the developed procedure as compared with the earlier gamma-spectrometric procedure is that it makes possible not only a more accurate determination of the total burn-up but also a specification of the contributions of the individual fissile isotopes.

The total burn-up and contributions of ^{235}U, ^{239}Pu, ^{238}U and ^{241}Pu to the burn-up in the fuel of the nuclear plant A 1 were determined with an error of about 3·5; 5; 8; 25 and 25%, respectively. The comparison of the results from Tab. 1 and 2, presented in Tab. 3, proves that the determination of the total burn-up and of the contributions of ^{235}U and ^{239}Pu was performed with the estimated accuracy.

The main disadvantage of the developed procedure is that it requires knowledge of a series of data on the fuel and the reactor. The complexity of calculations is not so important since their cost, using a computer, is by 10—100 times lower than the cost of the analysis itself.

Acknowledgement

Two of the authors (*V. B.* and *Z. M.*) take this opportunity to thank the Serbian Research Funds for participation in the financial support of this work.

Received March 25, 1981

References

[1] *V. Bulović, J. Krtil, J. Moravec, Z. Maksimović*, Principal-theoretical estimation of the burn-up possibility determination for the irradiated fuel of atomic power station A1 on the basis of ^{137}Cs, ^{134}Cs and ^{106}Ru. Paper presented at 4th Symp. on Research in the field of reprocessing of irradiated fuel, 28 March – 1 April 1977. Karlovy Vary, ČSSR (in Russian)

[2] *V. Bulović, J. Krtil, F. Sus, Z. Maksimović, E. Klosová*, J. Radioanal. Chem. **51** (1979) 153.

[3] *F. Sus, J. Krtil, V. Bulović, E. Klosová, Z. Maksimović*, J. Radioanal. Chem. **51** (1979) 143

[4] *J. Krtil, V. Bulović, M. Křivánik, M. Djordjević, Z. Maksimović*, "Some notes on the gamma spectrometric and mass spectrometric determination of burn-up"; IAEA Symp. on Analytical Methods in the Nuclear Fuel Cycle, Vienna – 1971, Paper IAEA/SM-149/63

[5] *W. J. Maeck*, "A Review of Fission Product Nuclear Data Requirements for Investigation of Irratiated Nuclear Fuel"; Proc. of 2nd Meeting on Fission Product Nuclear Data, Vienna 1978, Document IAEA-213, Vol. I, p. 105

[6] *B. F. Rider, J. L. Russell, Jr., D. W. Harris, J. P. Peterson, Jr.*, "The Determination of Uranium Burnup in MWd/ton"; Report GEAP-3373 (1960)

[7] *J. Krtil*, Jaderná energie **18** (1972) 325 (in Czech)

[8] *V. Bulović, J. Krtil, F. Sus, Z. Maksimović, E. Klosová*, Determination of the nuclear fuel burning process balance by gamma spectrometry of fission products; Part II – Determination of the plutonium isotopic composition and content by measuring ^{137}Cs, ^{134}Cs and ^{106}Ru activities; to be published

Modellrechnungen zur ^{13}C-Anreicherung in den Produkten der Multiphotonen-Dissoziation von CF_3X-Molekülen

H. Johansen, A. Gräßer

(Zentralinstitut für Isotopen- und Strahlenforschung der Akademie der Wissenschaften der DDR) [1]

Isotopenselektivitätsfaktoren α ($^{13}C/^{12}C$) in bezug auf die Multiphotonen-Photofragmentierung von CF_3Cl, CF_3Br, CF_3J werden im Rahmen des Formalismus des effektiven Hamiltonoperators und unter Berücksichtigung der konkreten Geometrie des bestrahlten Volumens berechnet. Insbesondere gehen die Verstimmung zwischen der Frequenz einer geeigneten Normalschwingungsform des Moleküls und der Photonenfrequenz, die Anharmonizität und die Rotationsschwingungsenergieniveaus in die Rechnung ein sowie die LASER-Linie, die Rabifrequenz, die Impulsdauer und die Temperatur. Es zeigt sich eine gute qualitative Übereinstimmung mit den experimentellen Befunden von Gauthier u. a. [8]. Die Schwingungsenergieniveaus der Moleküle werden in zwei Bereiche eingeteilt, in denen unterschiedliche Absorptionsmechanismen angenommen werden. Die Isotopenselektivität wird im wesentlichen in dem unteren Bereich der diskreten Schwingungsenergieniveaus bestimmt. Darüber wird ein Quasikontinuum von gemischten Zuständen angenommen, zusammengesetzt aus Zuständen der herausgegriffenen Schwingungsform und den Hintergrundzuständen. Die Selektivitätsfaktoren werden über die Volumina der pro Impuls reagierenden Moleküle berechnet [9 – 11].

Keywords

carbon isotopes; isotope separation; lasers; stable isotopes; theory

1. Einleitung

Auf der Grundlage eines quantenmechanischen Modells werden Multiphotonen-Photofragmentierungswahrscheinlichkeiten in intensiven LASER-Feldern für stoßfreie Moleküle CF_3Cl, CF_3Br und CF_3J im elektronischen Grundzustand berechnet einschließlich der $^{13}C/^{12}C$-Isotopenselektivität derartiger Prozesse. Dabei werden die Fragmentierungswahrscheinlichkeiten in einem gepulsten CO_2-LASER-Feld in Abhängigkeit von der eingestrahlten LASER-Linie und der Leistungsdichte des LASERs ermittelt, wobei die Verstimmung der Frequenz der Photonen und der Oszillatorfrequenz einer geeigneten Normalschwingungsform der Moleküle berücksichtigt werden sowie die Anharmonizität der entsprechenden Schwingungsform und schließlich die zu den Schwingungsenergieniveaus der herausgegriffenen Schwingungsform gehörigen Rotationsenergieniveaus und die Temperatur.

Das verwendete Modell und die Berechnung der Fragmentierungswahrscheinlichkeiten beruhen auf dem Formalismus des effektiven *Hamilton*operators [1 – 6].

Anschließend werden die konkrete Geometrie des bestrahlten Volumens in Betracht gezogen und Isotopenselektivitätsfaktoren in Abhängigkeit von der eingestrahlten LASER-Linie und der Temperatur berechnet und mit experimentellen Ergebnissen verglichen [8]. Die qualitative Übereinstimmung der Abhängigkeit des berechneten Isotopenselektivitätsfaktors von der eingestrahlten LASER-Linie und der Temperatur mit der von *Gauthier* u. a. experimentell bestimmten Abhängigkeit für die drei Moleküle CF_3Cl, CF_3Br und CF_3J zeigt die Berechtigung des Modells.

2. Modell der quasientarteten Zustände

Das Modell unterscheidet zwei Energiebereiche innerhalb des Schwingungsenergieniveausystems des Moleküls. In Abb. 1 wird das Energieniveauschema eines mit der Frequenz ω_L optisch gepumpten Moleküls dargestellt. Die Frequenz ω_L befindet sich nahezu in Resonanz mit der Frequenz ω_0 einer (anharmonischen) Normalschwingungsform des Moleküls (z. B. ν_1 (A_1) im CF_3X-Molekül). Die Schwingungsenergieniveauleiter der herausgegriffenen (anharmonischen) Schwingungsform wird durch die Quantenzahl v charakterisiert. Das Energieniveauschema des Hintergrundes $\{|b\rangle\}$ wird durch die übrigen Normalschwingungsformen des Moleküls erzeugt (z. B. 8 Schwingungsformen im CF_3X-Molekül).

Der Bereich I mit N_I Schwingungsenergieniveaus (v) und den dazugehörigen Rotationsschwingungsenergieniveaus erstreckt sich bis zu einer Energie, unterhalb der man noch von Normalschwingungsbewegungen des Moleküls sprechen kann. Die Energieniveaudichte des Hintergrundes ist gering. Im Bereich II liegen die restlichen N_{II} Niveaus, die zu quasientarteten Zuständen, gemischt aus Zuständen und Hintergrundzuständen, gehören und die in exakter Resonanz mit dem LASER-Feld liegen.

[1]) Anschrift: 7050 Leipzig, Permoserstr. 15

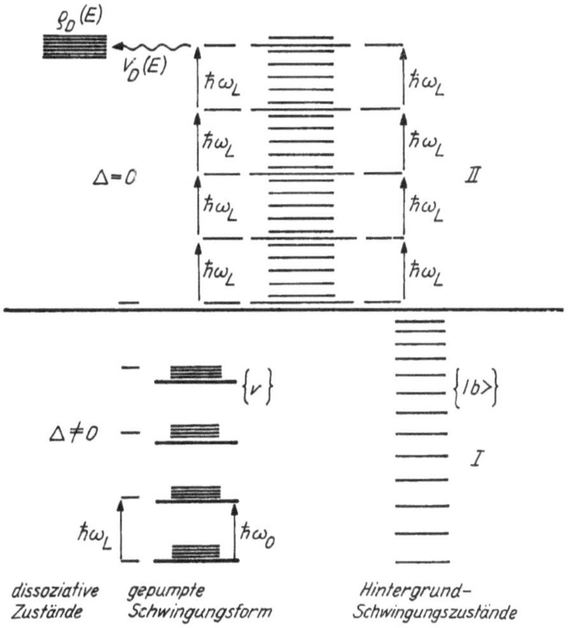

Abb. 1. Energieniveauschema eines mit der Frequenz ω_L optisch gepumpten Moleküls

Die Kopplungsenergie $V_A(E)$ (E: erreichte Energie auf der Leiter; V_A: Energie der anharmonischen Kopplung zwischen den Schwingungsformen) markiert zusammen mit der Zustandsdichte des Hintergrundes $\varrho_B(E)$ über die Beziehung

$$V_A(E)\,\varrho_B(E) \gg 1 \tag{1}$$

den Anfang des Bereichs II.

Dem Modell liegt die Vorstellung zugrunde, daß das Molekül anfänglich mehrere Photonen isotopenselektiv absorbiert, d. h., es wird eine nahezu verwirklichte Resonanzkopplung zwischen dem LASER-Feld und einer anharmonischen Normalschwingungsform des Moleküls für den Energiebereich der untersten Niveaus angenommen, wobei eine genügend hohe Rabifrequenz ω_R für die Überwindung der durch die Anharmonizität verursachten Niveauverschiebungen sorgt. Die immer größer werdenden Verschiebungen der Niveaus der herausgegriffenen Schwingungsform in höheren Energiebereichen verhindern jedoch die Absorption weiterer Photonen durch diese Schwingungsform. Daher muß eine zweite Phase des Absorptionsprozesses wirksam werden, um das Molekül bis zur Bindungsdissoziationsenergie hin anzuregen. Das Modell nimmt an, daß im Bereich II keine intramolekulare Schwingungsrelaxation und keine Umverteilung der Schwingungsenergie stattfinden, sondern daß vielmehr die Dichte der gemischten Zustände genügend groß ist, um zu sichern, daß sich immer ein gemischter Zustand findet, der in exakter Resonanz mit dem Strahlungsfeld erreicht wird. Bei der Dichte der gemischten Zustände können Übergangsverbote außer acht gelassen werden. Das Modell enthält auch den Fall der nichtadiabatischen Kopplung verschiedener elektronischer Zustände.

Zur Berechnung der Fragmentierungswahrscheinlichkeiten wird der Formalismus des effektiven *Hamilton*-operators verwendet [1–6].

Dabei wird der Raum der Schwingungszustandsfunktionen des Moleküls in zwei Unterräume zerlegt, und zwar in den Unterraum der Schwingungszustände (v) (Projektionsoperator P) und in den Unterraum der Zustände des Hintergrundes

$$(Q = I - P)\,.$$

Es sei

$$H = H_0 + V \tag{2}$$

der *Hamilton*operator des aus dem Molekül und dem elektromagnetischen Feld bestehenden Gesamtsystems, wobei V die Kopplung zwischen den Zuständen (v) und den Hintergrundzuständen beschreibt. Für die hier in Rede stehende Aufgabe nimmt der effektive *Hamilton*operator die Gestalt an

$$H_{\text{eff}} = P(H_0 + R(E))\,P \tag{3}$$

wobei der (level-shift)-Operator R die erwähnte Kopplung enthält:

$$R(E) = V + VQ(E - QHQ)^{-1}\,QV \tag{4}$$

und Niveauverschiebungen ($\bar{\Delta}$) sowie Breiten (Γ) in den effektiven *Hamilton*operator einführt:

$$R(E) = \bar{\Delta} - \frac{i}{2}\,\Gamma \tag{5}$$

Der effektive *Hamilton*operator in Matrixform nimmt im Rahmen des Modells der quasientarteten Zustände näherungsweise die Gestalt an

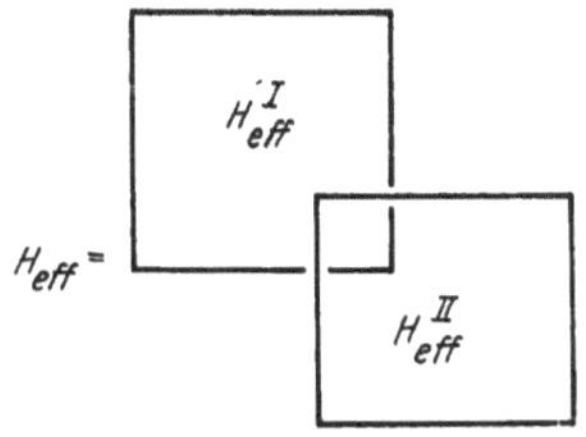

(6)

wobei sich die beiden Matrizen $H_{\text{eff}}^{\text{I}}$, $H_{\text{eff}}^{\text{II}}$ in einem Diagonalelement überlappen. Der effektive *Hamilton*operator $H_{\text{eff}}^{\text{I}}$ wird in der folgenden Weise aufgeschrieben:

(a) die Schwingungsenergieniveaus (v) werden als Niveaus eines anharmonischen Oszillators in der Näherung

$$E_{\text{vib}}(v) = \omega_0 v - [\omega_0 x]\,v^2\,, \qquad v = 0, 1, \dots, N_{\text{I}} \tag{7}$$

angesehen ($[\omega_0 x]$: Anharmonizitätskonstante);

(b) die Rotationsenergieniveaus für CF_3X-Moleküle werden in der Näherung

$$F_{\text{v}}(J, K) = B_{\text{v}}J(J+1) + (A_{\text{v}} - B_{\text{v}})\,K^2\,,$$
$$K = J, J-1, \dots, -J \tag{8}$$

angesetzt mit den Rotationskonstanten B_{v} (zwei gleiche Trägheitsmomente) und A_{v} (drittes Trägheitsmoment); dazu gehören die Auswahlregeln $\Delta K = 0$; $\Delta J = 0, \pm 1$ ($K \neq 0$); $\Delta J = \pm 1$ ($K = 0$) und die Gewichtsfaktoren (einschließlich der aus dem Kernspin $I(^{19}\text{F}) = \frac{1}{2}$ herrührenden Anteile)

$$g_{J,K} = \begin{cases} 2(2J+1)\,[\frac{1}{3}(2I+1)\,(4I^2+4I+3)]\,; \\ K \neq 0, \qquad K \equiv 0 \bmod 3 \\ 2(2J+1)\,[\frac{1}{3}(2I+1)\,(4I^2+4I)]\,; \\ K \neq 0, \qquad K \not\equiv 0 \bmod 3 \\ (2J+1)\,[\frac{1}{3}(2I+1)\,(4I^2+4I+3)]\,; \\ K = 0; \end{cases} \tag{9}$$

(c) den Niveaus (v) werden Schwingungsrelaxationsbreiten $\Gamma_{\text{v}}^{\text{VR}}$ zugeordnet;

(d) während der Zeit $0 \leqq t \leqq t_f$ wirkt ein intensives elektromagnetisches Fled $\mathfrak{E}(t)$, beschrieben durch eine Zustandsfunktion $|n\rangle$, welche die Anhäufung von n Photonen mit der Frequenz ω_L in einer Schwingungsform des LASER-Systems beschreibt; die Verstimmung für den 0—1 Übergang auf der herausgegriffenen Energieniveauleiter (v) beträgt

$$\Delta = \omega_0 - \omega_L \tag{10}$$

Die Hauptdiagonalelemente des effektiven *Hamilton*operators im Teilraum der N_I anharmonischen Zustände (v) werden in der Form

$$\begin{aligned}\langle vJ_v, n - v\,|H^I_{eff}|Jv_v, n - v\rangle &= E_{vJ_v}\\ &= E_{vib}(v) + B_v J_v(J_v + 1) - B_0 J_0(J_0 + 1)\\ &\quad + (n - v)\,\omega_L - \frac{i}{2}\,\Gamma^{VR}_v\end{aligned} \tag{11}$$

$$J_v = J_0 + k_v, \quad k_v = -v, -(v-2), \ldots, +v\ (K = 0) \tag{12}$$

$$k_v = -v, -(v-1), \ldots, +v\ (K \neq 0)$$

angesetzt. Dabei sind die $J_v(v = 0, 1, \ldots, N_I)$ die molekularen Drehimpulseigenwerte in Abhängigkeit von der Schwingungsquantenzahl v. Die Nebendiagonalelemente werden aus dem Modell der effektiven Zustände von *Goodman*, das die Anharmonizität berücksichtigt, entwickelt [7]:

$$\begin{aligned}&\langle v, n - v\,|H^I_{int}|\,v + 1, n - (v + 1)\rangle =\\ &= \delta_{n',n\pm1}\,\frac{\mu\mathfrak{E}(t)}{2}\left[\frac{(v+1)(v+2)(v+3)}{2}\right]^{1/2}\end{aligned} \tag{13}$$

Dabei ist über Anfangs- und Endrotationszustände gemittelt worden. Es werden nur Matrixelemente der Wechsel wirkung des elektromagnetischen Feldes mit dem (harmonischen) Oszillator zwischen aufeinanderfolgenden Schwingungszuständen berücksichtigt. Es sind μ das Dipolmatrixelement für den 0—1 Übergang und $\mathfrak{E}(t)$die Amplitude des elektromagnetischen Feldes. Über $\mathfrak{E}(t)$ geht die Impulsform in die Berechnung der Fragmentierungswahrscheinlichkeit ein.

Aus der Quasiresonanzbedingung

$$\begin{aligned}E_{vib}(v = N_I) + B_{N_I}(J_0 + k_{N_I})\,(J_0 + k_{N_I} + 1)\\ - B_0 J_0(J_0 + 1) - N_I\omega_L \approx 0\end{aligned} \tag{14}$$

wird eine Quantenzahl k_{N_I} zwischen $+N_I$ und $-N_I$ (unter Beachtung der Unterscheidung zwischen $K = 0$ und $K \neq 0$) bestimmt und damit ein mit hoher Wahrscheinlichkeit erreichbares Rotationsschwingungsenergieniveau, von dem aus aufeinanderfolgend N_{II}-Niveaus im Energiebereich II in praktisch exakter Resonanz angeregt werden bis zur Molekülgrenze hin. Durch diese Auswahl des Zielniveaus im Energiebereich I wird eine entsprechende Wahrscheinlichkeitsamplitude für die Besetzung des Rotationsschwingungsniveaus (N_I, k_{N_I}) bestimmt, $^IC_{v=N_I}(t, J_0, k_{N_I}, \omega_L)$. Der Anfangszustand des Gesamtsystems ist $|0J_0, n\rangle$, und die Wahrscheinlichkeitsamplitude für die Besetzung des Zustands $|N_I J_{N_I}, n - N_I\rangle$ zur Zeit t ist gleich

$$\begin{aligned}&^IC_{v=N_I}(t, J_0, k_{N_I}, \omega_L)\\ &= \langle N_I, J_{N_I}, n - N_I\,|U(t, 0)|\,0J_0, n\rangle\\ &= -\frac{1}{2\pi i}\int e^{-iEt}\,\langle N_I J_{N_I}, n - N_I\,|\,(E - H_{eff})^{-1}|\,0J_0, n\rangle\,dE\,.\end{aligned}$$

$U(t, 0)$ ist der Zeitevolutionsoperator. Die Amplitude $^IC_{N_I}(t)$ stellt sich durch die komplexen Eigenwerte $\Lambda_j = \varepsilon_j - \frac{1}{2}i\gamma_j$ und die (nichtorthogonalen) Eigenvektoren $\{|j\rangle\}$ des effektiven *Hamilton*operators H^I_{eff} dar:

$$\begin{aligned}^IC_{N_I}(t) &= 0 \qquad t < 0\\ &= \sum_j \langle N_I J_{N_I}|j\rangle\,\langle 0J_0|j\rangle\,\exp\left(-i\varepsilon_j t - \tfrac{1}{2}\gamma_j t\right),\ 0 \leqq t \leqq t_f\\ &= {}^IC_{N_I}(t)\,\exp\left(-iE_{N_I J_{N_I}}t - \tfrac{1}{2}\Gamma_{N_I J_{N_I}}t\right), \quad t > t_f\end{aligned} \tag{16}$$

Die beiden effektiven *Hamilton*operatoren in Matrixform überlappen sich in dem Hauptdiagonalelement ($v = N_I$, $k_{v=N_I}$. Alle Hauptdiagonalelemente von H^I_{eff} weisen im Rahmen des Modells den gleichen Zahlenwert auf, nämlich denjenigen von (N_I, k_{N_I}). Die Bestimmung der Nebendiagonalelemente erfordert die Kenntnis der Wellenfunktionen der gemischten Zustände im Energiebereich II. Die Berechnung dieser Wellenfunktionen muß umgangen werden. Die Nebendiagonalelemente werden näherungsweise durch die mit einem Faktor $\varkappa < 1$ versehenen Nebendiagonalelemente

$$\langle N_I - 1, n - (N_I - 1)|\,H^I_{int}\,|\,N_I, n - N_I\rangle$$

aus dem Bereich I ersetzt:

$$\begin{aligned}&(H^{II}_{eff})_{v,v+1}\\ &\approx \varkappa\langle N_I - 1, n - (N_I - 1)|\,H^I_{int}\,|N_I, n - N_I\rangle\end{aligned} \tag{17}$$

Der Parameter $\varkappa < 1$ berücksichtigt die verminderte Absorptionswahrscheinlichkeit der höheren Energiezustände. Mit Hilfe von H^{II}_{eff} errechnet sich eine Wahrscheinlichkeitsamplitude für die Besetzung des obersten Niveaus

$$v = \bar{v},\ ^{II}C_{v=\bar{v}}(t, J_0, k_{N_I}, \omega_L)\,.$$

Schließlich ergibt sich die Dissoziationswahrscheinlichkeit näherungsweise zu

$$P_D(t, J_0, k_{N_I}, \omega_L) \approx \Gamma^D_{\bar{v}}\int_0^t |^IC(\tau)|^2\,|^{II}C(\tau)|^2\,d\tau\,, \tag{18}$$

$$0 \leqq t \leqq t_f\,.$$

$\Gamma^D_{\bar{v}}$ ist die Dissoziationsbreite des obersten Niveaus. Ausführlich geschrieben stellt sich P_D in der Abhängigkeit dar:

$$\begin{aligned}P_D = P_D(\omega_0, [\omega_0 x], \Gamma, J_0, N_I, k_{N_I}, \omega_L,\\ \omega_R, \varkappa, t_f, \text{Impulsprofil})\,.\end{aligned} \tag{19}$$

Eine Mittelung über die molekularen Anfangsdrehimpulseigenwerte mit den Gewichten $g_{J_0,K}$ führt eine — wenn auch nicht umfassende — Temperaturabhängigkeit in die Berechnung der Dissoziationswahrscheinlichkeiten ein:

$$\overline{P_D}(\omega_L, T) = \frac{\sum\limits_{J_0}\sum\limits_{K} g_{J_0,K}\,e^{-[B_0J_0(J+1)+(A_0-B_0)K^2]\frac{hc}{k_BT}}}{\sum\limits_{J_0}\sum\limits_{K} g_{J_0,K}\,e^{-[B_0J_0(J_0+1)+(A_0-B_0)K^2]\frac{hc}{k_BT}}} \times P_D(J_0, K, \omega_L) \tag{20}$$

3. Berechnung von Isotopieeffekten

Auf der Grundlage des beschriebenen Modells sind für stoßfreie Moleküle $^{12}CF_3Cl$, $^{12}CF_3Br$ und $^{12}CF_3J$ und die entsprechenden ^{13}C-substituierten Moleküle Fragmentierungswahrscheinlichkeiten in Abhängigkeit von der Rabifrequenz für verschiedene LASER-Linien der 9.4 μ-Bande des CO_2-LASERs und zwei Temperaturen berechnet worden (Abb. 2—7).

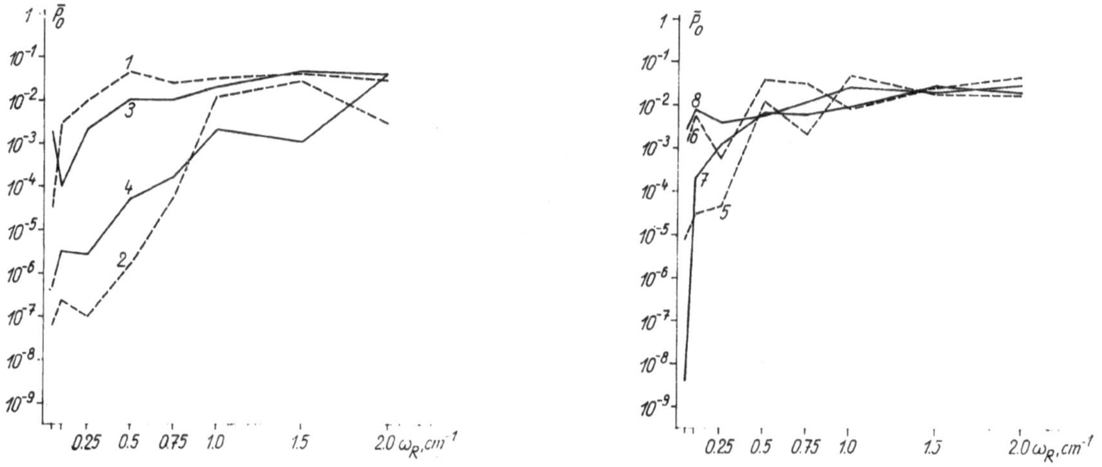

Abb. 2, 3. Berechnete Fragmentierungswahrscheinlichkeiten für $^{12}CF_3Cl$ (1, 3, 5, 7) und $^{13}CF_3Cl$ (2, 4, 6, 8) in Abhängigkeit von der Rabifrequenz ω_R; ω_L: 1, 2: R (32) (siehe Tab. 1); 3, 4: R (20); 5, 6: R (10); 7, 8: R (4)

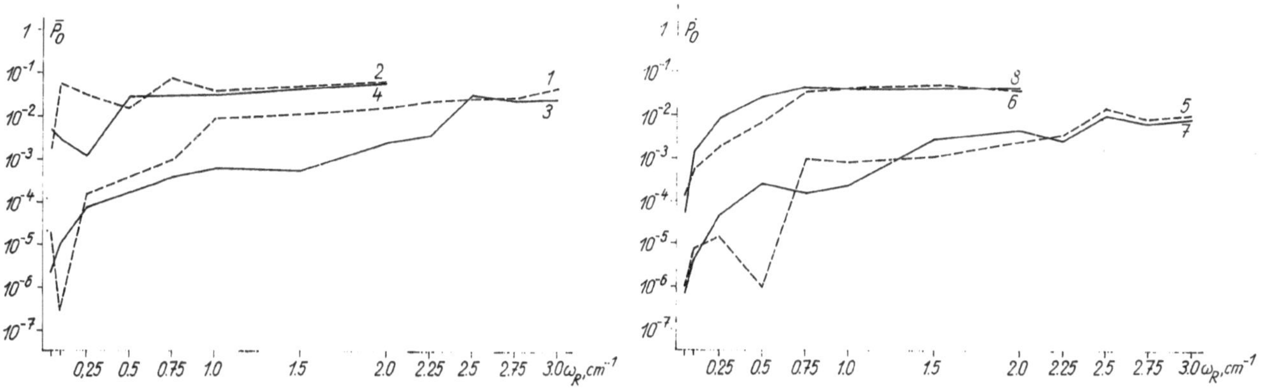

Abb. 4, 5. Berechnete Fragmentierungswahrscheinlichkeiten für $^{12}CF_3Br$ (1, 3, 5, 7) und $^{13}CF_3Br$ (2, 4, 6, 8) in Abhängigkeit von der Rabifrequenz ω_R; ω_L: 1, 2: P (8) (siehe Tab. 2); 3, 4: P (16); 5, 6: P (24); 7, 8: P (26)

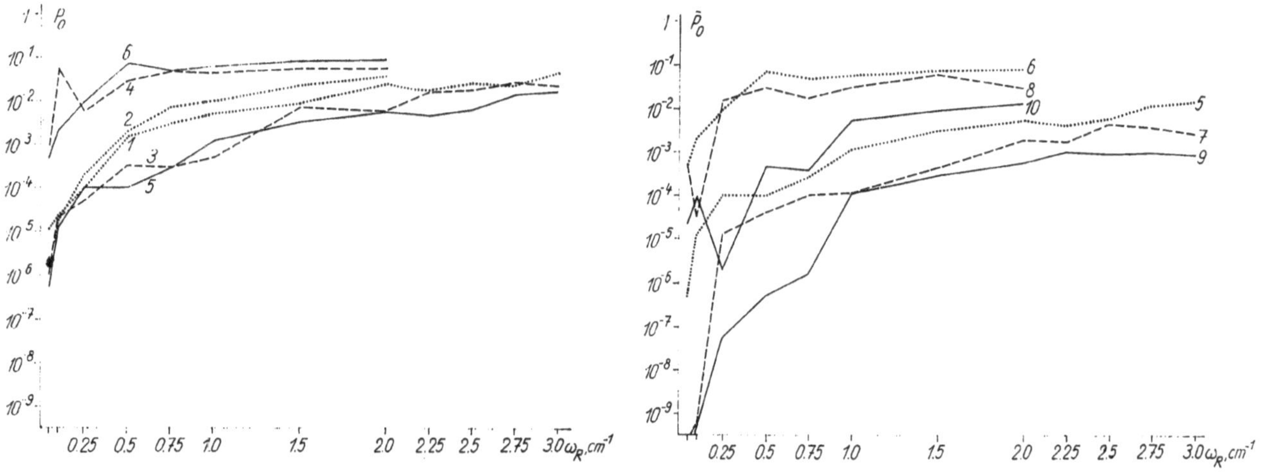

Abb. 6, 7. Berechnete Fragmentierungswahrscheinlichkeiten für $^{12}CF_3J$ (1, 3, 5, 7, 9) und $^{13}CF_3J$ (2, 4, 6, 8, 10) in Abhängigkeit von der Rabifrequenz ω_R; ω_L: 1, 2: P (16) (siehe Tab. 3); 3, 4: P (24); 5, 6: P (26); 7, 8: P (36); 9, 10: P (44)

Tab. 1. CF_3Cl: beobachtete und berechnete Selektivitätsfaktoren α_{13}

ω_L cm^{-1}	α_{13} (exp.) [8]		α_{13} (ber.)	
	+22 °C	−50 °C	+22 °C	−50 °C
R(32): 1085,74	—	0,8	—	0,1 $(0,75/1,5)^3$
R(20): 1078,57	3,3	21	—	1 $(2/2)^3$
R(10): 1071,87	22,0	—	6,3	8 $(1,5/0,75)^3$
R(4): 1067,50	45,5	—	6	8 $(2/1)^3$
$^{12}\omega_0$: 1092				
$^{13}\omega_0$: 1062				

Tab. 2. CF_3Br: beobachtete und berechnete Selektivitätsfaktoren α_{13}

ω_L cm^{-1}	α_{13} (exp.) [8]		α_{13} (ber.)	
	+22 °C	−50 °C	+22 °C	−50 °C
P(8): 1057,30	3,2	8,6	2,4	8 $(1/0,5)^3$
P(16): 1050,47	19,5	55	64	125 $(2,5/0,5)^3$
P(24): 1043,19	56	120	64	125 $(2,5/0,5)^3$
P(26): 1041,29	65	—	64	125 $(2,5/0,5)^3$
$^{12}\omega_0$: 1083				
$^{13}\omega_0$: 1053				

Tab. 3. CF_3J: beobachtete und berechnete Selektivitätsfaktoren α_{13}

ω_L cm^{-1}	α_{13} (exp.) [8]		α_{13} (ber.)	
	+22 °C	−50 °C	+22 °C	−50 °C
P(16): 1050,47	2,0	1,8	—	1 $(1,5/1,5)^3$
P(24): 1043,19	5,9	—	13	18,5 $(2/0,75)^3$
P(26): 1041,29	6,1	11,6	13	27 $(2,25/0,75)^3$
P(36): 1031,56	8,8	8,6	13	27 $(2,25/0,75)^3$
P(44): 1023,17	3,0	1,9	—	3 $(3/2)^3$
$^{12}\omega_0$: 1075				
$^{13}\omega_p$: 1045				

In allen Fällen wird die total symmetrische (C—F)-Streckschwingungsform ($\nu_1(A_1)$) angeregt. Die Mischung der Wellenfunktionen der höher angeregten Zustände aus Wellenfunktionen der Schwingungsform $\nu_1(A_1)$ und der Hintergrundschwingungsformen führt zu einer Anregung auch der (C—X)-Streckschwingungsform (X = Cl, Br, J) und zur Berechnung der (C—X)-Bindungen, deren Bindungsdissoziationsenergien unter derjenigen der (C—F)-Bindung liegen. Diese Vorstellung kann durch den von *Band* und *Freed* eingeführten effektiven Oszillator in der Reaktionskoordinate näher erklärt werden [12].

Die Schwingungsfrequenzen ω_0(C—F) und ω_L sind in Tab. 1—3 aufgeführt. Die folgenden Parameter wurden für alle Moleküle verwendet: $[\omega_0 x] = 1\ cm^{-1}$; $\Gamma_v^{VR} = 0$; $B_v = B_0$; $N_I = 4$; $N_{II} = 20$; $\varkappa = 0,9$; $\Gamma_v^D = 10^{-2}\ cm^{-1}$; $t_f = 167$ ns; Rechteckimpuls (zum Einfluß des Impulsprofils auf die Fragmentierungswahrscheinlichkeit und den Isotopieeffekt siehe [6]). Die gemittelten Fragmentierungswahrscheinlichkeiten $\overline{P}_D(\omega_L, T)$ sind abgeschätzt worden, indem nur Rechnungen für molekulare Drehimpulszustände in Abständen von $\Delta J_0 = 10$ durchgeführt worden sind. Die Quasiresonanzbedingung (14) liefert in fast allen Fällen die Werte $k_{N_I} = 4$ oder $k_{N_I} = 3$. Testrechnungen haben gezeigt, daß insbesondere der Isotopieeffekt in den Fragmentierungswahrscheinlichkeiten nur schwach von N_{II} abhängt. Der glatte Verlauf der Fragmentierungswahrscheinlichkeiten $\overline{P}_D(\omega_L, T)$ stellt eine Näherung dar, die auf einer Grobkörnigkeit bezüglich ω_R beruht.

Beim Vergleich der berechneten Fragmentierungswahrscheinlichkeiten mit experimentellen Befunden muß beachtet werden, daß der Einfluß des Drucks sowie der Rekombinationsprozesse in die Dissoziationsbreite Γ_v^D (19) eingeht und hier nicht explizit behandelt wird.

Da die aufgeführten LASER-Linien (Tab. 1–3) bis auf etwa die Linien R(20), R(32) im Fall des CF_3Cl-Moleküls dichter bei den Frequenzen der ^{13}C-substituierten Moleküle liegen, erreichen auch deren Fragmentierungswahrscheinlichkeiten mit steigender Rabifrequenz eher ihren Sättigungswert als die Wahrscheinlichkeiten der $^{12}CF_3X$-Moleküle.

Im Rahmen des verwendeten Modells werden die Abhängigkeit der Fragmentierungswahrscheinlichkeit $\overline{P}_D$ von der Rabifrequenz und damit von der Leistungsdichte des LASERs sowie die Isotopenselektivität des Fragmentierungsprozesses auf den untersten Energieniveaus (Bereich I) entschieden, da diese Größen nur schwach von der Anzahl N_{II} der aus dem Bereich II berücksichtigten Energieniveaus abhängen. Die Berücksichtigung der Rotationsniveaus gestattet es, die Abhängigkeit des Fragmentierungsprozesses von der eingestrahlten LASER-Linie adäquat zu behandeln.

4. Einfluß der Geometrie des bestrahlten Volumens

Sieht man die Anzahl der Impulse i näherungsweise als kontinuierliche Variable an, so nimmt die Ratengleichung für den unimolekularen Zerfall von CF_3X die Form

$$\frac{d[CF_3X]}{di} = -\frac{V}{V_0}[CF_3X] \tag{21}$$

an, wobei V das Volumen der pro Impuls reagierenden CF_3X-Moleküle und V_0 das gesamte Zellvolumen bedeuten [9–11]. Wird diese Gleichung für die isotopensubstituierten Moleküle $^{13}CF_3X$ aufgeschrieben und durch eine entsprechende für $^{12}CF_3X$ dividiert, so ergibt sich

$$\frac{d[^{13}CF_3X]}{d[^{12}CF_3X]} = \alpha_{13}\frac{[^{13}CF_3X]}{[^{12}CF_3X]}$$

mit dem für die LASER-induzierte Reaktion erklärten Selektivitätsfaktor

$$\alpha_{13} = V_{13}/V_{12} \tag{22}$$

Dabei ist angenommen worden, daß das Volumen V für jeden Impuls in einer Serie von Impulsen dasselbe bleibt. Bei der Berechnung von V wird die Annahme gemacht, daß die in die fokussierende Linse einfallende LASER-Strahlung aus parallelen Strahlen mit gleichförmigem Energiefluß besteht.

Mit der Energieflußverteilungsfunktion $g(\varphi)$, erklärt als Volumen der bei dem Energiefluß φ reagierenden Moleküle ($G = G(\varphi)$) pro Einheitsenergiefluß ($g(\varphi) = -dG(\varphi)/d\varphi$), und der Reaktionswahrscheinlichkeit $P(\varphi)$ ist V durch das Integral

$$V = \int_0^\infty g(\varphi)\, P(\varphi)\, d\varphi \tag{23}$$

erklärt. $g(\varphi)$ wird durch die Geometrie des bestrahlten Volumens bestimmt.

Die Wahrscheinlichkeiten $P(\varphi)$ werden durch eine Funktion der Form

$$\begin{aligned} P(\varphi) &= 1 - \exp[-(\varphi/\varphi_r)^m] \\ &\approx (\varphi/\varphi_r)^m, \quad \varphi \ll \varphi_r \\ &\approx 1, \quad \varphi \gg \varphi_r \end{aligned} \tag{24}$$

approximiert, wobei φ_r den Fluß bedeutet, für den $P(\varphi)$ den Wert $1 - 1/e$ annimmt [10]. Die Parameter m und φ_r sind Funktionen des Drucks. Über die Proportionalität $\varphi \sim \omega_R^2$ wird φ_r aus einer Rabifrequenz ω_{Rr} bestimmt, für welche die in Abb. 2–7 dargestellten Fragmentierungswahrscheinlichkeiten $\overline{P}_D$ den Wert $1 - 1/e$ erreicht haben.

Wir betrachten in dieser Arbeit die Geometrie des bestrahlten Volumens in einer Zelle mit Brennpunkt. Dabei wird ein auf eine Linse mit der Brennweite f einfallender LASER-Impuls (Energiefluß φ_0, Strahlradius ϱ_0) in einer zylindrischen Zelle der Länge $2l$ so fokussiert, daß der Linsenbrennpunkt im gleichen Abstand von den beiden Zellfenstern liegt. Für eine Zelle mit Brennpunkt ergibt sich die Energieflußverteilungsfunktion zu

$$\begin{aligned} g(\varphi) &= \tfrac{3}{2}G_0\varphi_W^{3/2}/\varphi^{5/2}, \quad \varphi > \varphi_W \\ &= 0, \quad \varphi \leqq \varphi_W, \end{aligned} \tag{25}$$

wobei G_0 das gesamte bestrahlte Volumen

$$G_0 = \frac{2}{3}\pi l^3\left(\frac{\varrho_0}{f}\right)^2 \tag{26}$$

und φ_W den Fluß an den Fenstern bedeuten [10],

$$\varphi_W = \varphi_0\left(\frac{f}{l}\right)^2 \tag{27}$$

Damit ist

$$\begin{aligned} V &= \int_{\varphi_W}^\infty \frac{3}{2}G_0\frac{\varphi_W^{3/2}}{\varphi^{5/2}}\left\{1 - \exp\left[-\left(\frac{\varphi}{\varphi_r}\right)^m\right]\right\} d\varphi \\ &= G_0\left[1 - \tfrac{3}{2}\varphi_W^{3/2}\int_{\varphi_W}^\infty \varphi^{-5/2}\exp[-(\varphi/\varphi_r)^m]\, d\varphi\right]. \end{aligned} \tag{28}$$

Für einen Kurvenverlauf $\overline{P}_D(\omega_R)$, der relativ markant den Übergang in den Sättigungsbereich erkennen läßt, ist das Integral (28) in Näherung

$$V_0 = G_0(\varphi_W/\varphi_r)^{3/2} \tag{29}$$

In dieser Näherung ist der Selektivitätsfaktor durch

$$\alpha_{13} = \left(\frac{^{12}\omega_{Rr}}{^{13}\omega_{Rr}}\right)^3 \tag{30}$$

gegeben.

Wir schätzen im folgenden die Selektivitätsfaktoren in dieser Näherung ab und vergleichen diese mit den von *Gauthier* und Mitarbeitern experimentell bestimmten Werten [8].

Zunächst zeigt ein Vergleich der Schwingungsfrequenzen der drei Moleküle mit den verwendeten LASER-Linien (Tab. 1–3), daß im Fall des CF_3Br-Moleküls die LASER-Linien um $^{13}\omega_0$ konzentriert sind und einen verhältnismäßig großen Abstand von $^{12}\omega_0$ aufweisen, so daß mit einem großen Isotopieeffekt zu rechnen ist. Für CF_3Cl liegen die LASER-Linien zwischen $^{13}\omega_0$ und $^{12}\omega_0$, so daß kleinere und inverse Isotopieeffekte zu erwarten sind. Im Fall des CF_3J-Moleküls ist gut zu erkennen, daß eine

LASER-Linie, die hinreichend dicht neben der $^{13}\omega_0$-Frequenz liegt und hinreichend weit von der $^{12}\omega_0$-Frequenz entfernt ist, einen maximalen Isotopieeffekt hervorbringt ($P(26)$). Die Kurvenscharen der Fragmentierungswahrscheinlichkeiten von CF_3Br (Abb. 4, 5) lassen Frequenzen ω_{Rr} erkennen, oberhalb derer die Fragmentierungswahrscheinlichkeiten deutlich einen waagerechten Verlauf nehmen, auch deutlich unterschieden für die Moleküle $^{12}CF_3Br$ und $^{13}CF_3Br$. In Tab. 2 sind Werte für die Frequenzen $^{12}\omega_{Rr}$, $^{13}\omega_{Rr}$ und daraus berechnete Selektivitätsfaktoren angegeben. Zumindest der Unterschied zwischen den durch die Linie $P(8)$ und den übrigen Linien hervorgerufenen Selektivitätsfaktoren kommt gut heraus.

Anhand der Fragmentierungswahrscheinlichkeiten von CF_3J (Abb. 6, 7) erkennt man, daß die Frequenzen $^{13}\omega_{Rr}$ und $^{12}\omega_{Rr}$ nicht so prägnant festzulegen sind, jedoch nicht weit auseinander liegen dürften, so daß verhältnismäßig kleine Isotopieeffekte zu erwarten sind. Insbesondere wird deutlich, daß die mit der Linie $P(26)$ erzielten Fragmentierungswahrscheinlichkeiten einen wesentlich höheren Selektivitätsfaktor α_{13} bewirken als die Linien $P(16)$ oder $P(44)$.

Im Fall des CF_3Cl-Moleküls drücken sich die experimentell als verhältnismäßig klein festgestellten Selektivitätsfaktoren für die Linien $R(32)$, $R(20)$ durch inverse Isotopieeffekte aus. Insgesamt kann festgestellt werden, daß die beobachteten Selektivitätsfaktoren in ihrer Abhängigkeit von den LASER-Linien für die drei Moleküle qualitativ in ihrer Relation zueinander reproduziert werden [8]. Andere Strahlführungen bewirken veränderte Selektivitätsfaktoren (siehe [10]). Eine Druckerhöhung drückt sich durch eine Vergrößerung der intramolekularen Schwingungsrelaxationsbreiten Γ_V^{VR} (11) aus und damit durch eine Verringerung der Fragmentierungswahrscheinlichkeiten $\bar{P}_D$. Daher müssen höhere Rabifrequenzen ω_{Rr} aufgebracht werden, um den Sättigungsbereich zu erreichen. Der Quotient der Rabifrequenzen $^{12}\omega_{Rr}$ und $^{13}\omega_{Rr}$ nimmt ab, d. h. der Isotopenselektivitätsfaktor α_{13} (30) sinkt mit steigendem Druck.

Eingegangen am 10. 2. 1981

Literatur

[1] *S. Mukamel, J. Jortner*, Chem. Phys. Letters **40** (1976) 150
[2] *S. Mukamel, J. Jortner*, J. Chem. Phys. **65** (1976) 5204
[3] *J. Jortner, S. Mukamel*, in: The world of quantum chemistry, eds. R. Daudel and B. Pullman (Dordrecht, Reidel, 1973)
[4] *J. R. Ackerhalt, H. W. Galbraith*, J. Chem. Phys. **69** (1978) 1200
[5] *H. Johansen, K. Johst*, Proceedings of the Sixth International Conference on Atomic Physics, Riga, 383 (1978)
[6] *H. Johansen, A. Gräßer*, Isotopenpraxis **16** (1980) 330
[7] *M. F. Goodman, J. Stone, D. A. Dows*, J. Chem. Phys. **65**, (1976) 5052, 5062
[8] *M. Drouin, M. Gauthier, R. Pilon, P. A. Hackett, C. Willis*, Chem. Phys. Letters **60** (1978) 16
[9] *W. Fuss, T. P. Cotter*, Appl. Phys. **12** (1977) 265
[10] *J. L. Lyman, S. D. Rockwood, S. M. Freund*, J. Chem. Phys. **67** (1977) 4545
[11] *J. L. Lyman, S. D. Rockwood*, J. Appl. Phys. **47** (1976) 595
[12] *Y. B. Band, K. F. Freed*, J. Chem. Phys. **63** (1975) 3382, 4479

Untersuchungen zur thermischen Oberflächenionisation von schwerionisierbaren Elementen

II. Mitt. Molybdän-Isotopenanalyse an ausgewählten Mineralen [1]

S. Becker, H.-J. Dietze

(Zentralinstitut für Isotopen- und Strahlenforschung der Akademie der Wissenschaften der DDR, Leipzig) [2]

Es wird ein Analysenverfahren zur massenspektrometrischen Bestimmung von Isotopenhäufigkeiten des Molybdäns beschrieben. Die Molybdän-Isotopenhäufigkeiten von drei ausgewählten Molybdänmineralen wurden bestimmt und die Meßergebnisse mit denen anderer Autoren verglichen. Die Meßergebnisse zeigen, daß Feinvariationen des Molybdäns in natürlichen Mineralen mit den derzeitig zur Verfügung stehenden Massenspektrometern nicht gemessen werden können.

Keywords

isotope ratio; mass spectroscopy; minerals; molybdenum; molybdenum isotopes; surface ionization

1. Einleitung

Die genaue Kenntnis der Isotopenhäufigkeit des Molybdäns ist für die Lösung geophysikalischer, geochemischer und kernphysikalischer Probleme von Interesse. Dieses ist dadurch begründet, daß Molybdän einen verhältnismäßig großen Massenbereich überspannt, so daß Isotopenvariationen in terrestrischen und extraterrestrischen molybdänreichen Mineralen infolge geophysikalischer oder geochemischer bzw. kosmischer Einflüsse wahrscheinlich sind. In der Reaktortechnik kann über die Bestimmung der Isotopenhäufigkeiten des Molybdäns der Abbrand in Kernreaktoren ermittelt werden. Voraussetzung für die Lösung dieser genannten Probleme ist eine präzise Bestimmung der Isotopenhäufigkeiten des Molybdäns. Dem steht jedoch entgegen, daß Molybdän zu den Elementen gehört, deren Isotopenhäufigkeitsbestimmung schwierig ist. Deshalb konnten auch bisher keine gesicherten Angaben über Variationen der Molybdän-Isotopenhäufigkeiten in terrestrischen oder extraterrestrischen Probenmaterialien gemacht werden. Die Isotopenhäufigkeiten des Molybdäns wurden u. a. von *Murthy* [1], *Crouch, Tuplin* [2], *Stevens* [3] und *Wetherill* [4] bestimmt.

Die Untersuchungen der Autoren ergaben, daß die Isotopenhäufigkeitsvariationen des terrestrischen und meteoritischen Molybdäns unter 1% liegen und daß Isotopenhäufigkeitsvariationen von 1% mit den derzeitig

[1] I. Mitt. Grundlagen eines Analysenverfahrens zur Bestimmung der Isotopenhäufigkeiten des Molbydäns [6]

[2] Anschrift: 7050 Leipzig, Permoserstr. 15

verfügbaren Meßmethoden nicht eindeutig nachweisbar sind, weil trotz Durchführng umfangreicher Korrekturen und einer perfekten Meßtechnik relative Standardabweichungen von $< 1‰$ für die externe Reproduzierbarkeit kaum erreicht werden können, wie *Tausch* [5] in einer ausführlichen Arbeit zur Mo-Isotopenanalyse nachweisen konnte. Die relativen Standardabweichungen bei der Bestimmung der Isotopenhäufigkeiten des Mo liegen im Mittel bei 3‰.

In der vorliegenden Arbeit werden Mo-Isotopenhäufigkeiten von drei ausgewählten Mo-Mineralen bestimmt. Die Grundlagen für das hier verwendete Analysenverfahren wurden in einer früheren Arbeit [6] beschrieben. Der Vergleich der Analysenwerte des untersuchten Molybdänits (Altenberg, Erzgeb., DDR) und Wulfenits (Bleiberg, Kärnten, Österreich) mit den Ergebnissen von *Crouch* und *Tuplin* [2] bzw. *Stevens* [3] dient der Bewertung des massenspektrometrischen Verfahrens zur Mo-Isotopenanalyse.

2. Experimentelles

Die Messungen wurden mit einem Massenspektrometer CH 6-TH (Varian MAT) unter Verwendung einer thermischen Oberflächenionenquelle im Zweibandbetrieb durchgeführt, wobei für das Ionisations- und Verdampferband Rhenium als Bandmaterial Verwendung fand. Die Ionenstromregistrierung wurde analog mittels eines Kompensationsbandschreibers und digital mit einem Datenerfassungssystem DATAPRINT VL-8 vorgenommen. Die Auswertung der digitalen Massenspektren erfolgte über einen Rechner ES 1040 mit dem Rechenprogramm „DAPLOS" [7].

Als Ausgangssubstanzen für die Isotopenanalyse des Mo werden in der Literatur des Metall [3, 5], das Oxid [3] und das Sulfid [1, 8, 2, 4] vorgeschlagen. Wegen der extremen Schwerflüchtigkeit des metallischen Molybdäns (F_p = 2600 °C, K_p = 4800 °C) bzw. des Molybdänsulfids (F_p = 1185 °C, bei höheren Temperaturen findet die Zersetzung zum Metall statt) muß bei der Isotopenanalyse des Mo mit großen Substanzmengen und hohen Bandtemperaturen gearbeitet werden. Dagegen erwies sich Molybdänoxid als zu leichtflüchtig, um über längere Zeit stabile Ionenströme zu liefern.

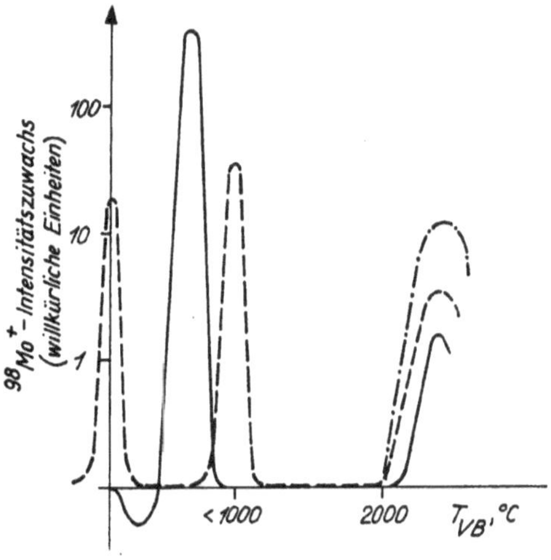

Abb. 1. Ionisationskurven des Molybdänoxids, Zinkmolybdats und Molybdänmetalls bei konstanter Ionisationsbandtemperatur (T_{IB} = 2400 °C)
——— $ZnMoO_4$; — · — Reinstmolybdän; — — — MoO_3

In Abb. 1 sind die Ionisationskurven des Molybdänmetalls und des Molybdänoxids dargestellt. Die Maxima der Ionenstromintensitäten entsprechen dabei einer maximalen Verdampfung der eingesetzten Verbindung bzw. ihrer thermischen Dissoziationsprodukte in der Ionenquelle. Während Molybdänoxid schon bei nicht geheiztem Verdampferband und einer Ionisationsbandtemperatur von ca. 2000 °C ein erstes Intensitätsmaximum zeigt, findet bei höheren Temperaturen die Zersetzung der Verbindung zum Metall statt, so daß man bei Temperaturen des Ionisations- und Verdampferbandes über 2000 °C ein mit dem Metall identisches Intensitätsmaximum feststellen kann. Wegen seiner günstigen thermischen Eigenschaften erwies sich für die Mo-Isotopenanalyse das Zinkmolybdat besser geeignet als alle in der Literatur vorgeschlagenen Substanzen.

Zinkmolybdat liefert nicht nur höhere Ionenstromintensitäten, sondern man kann bei der Analyse weniger Mikrogramm der sehr reinen Verbindung Standardabweichungen um 1‰ erhalten. Für die Analyse molybdänreicher Minerale mußten diese deshalb in Zinkmolybdat umgearbeitet werden.

Nach dem Aufschluß der zu untersuchenden Molybdänite bzw. des Wulfenits mit Königswasser erfolgte die Extraktion des Molybdäns mit Methylisobutylketon aus 7 N HCl. Aus der wäßrigen Phase der Rückextraktion wurde über eine schwach ammoniakalische Lösung das Zinkmolybdat dargestellt. 5 µl dieser wäßrigen Molybdatlösung (Bandbeladung von 5 µg Mo) wurden auf dem Verdampferband eingedampft. Das Aufheizen der Bändchen in der Thermionenquelle des Massenspektrometers erfolgte automatisch nach einem sich aus den Vorversuchen als günstig erwiesenen Zeitprogramm. Nach 1 h konnte bei einer Ionisationsbandtemperatur T_{IB} = 2400 °C und einer Verdampferbandtemperatur $T_{VB} \approx 800$ °C ein stabiler Mo^+-Ionenstrom in der Größenordnung von $\geqq 10^{-13}$ A registriert werden.

3. Meßergebnisse und Diskussion

In Tab. 1 werden die Ergebnisse der Molybdän-Isotopenanalyse des Wulfenits I (Bleiberg, Kärnten, Österreich) und der Molybdänite II, III (II-Altenberg, Erzgeb., DDR; III-Santa Niño Mine, Santa Cruz Co., Arizona, USA) verglichen.

Die externe Reproduzierbarkeit betrug für die „ZfI"-Molybdän-Isotopenverhältnisse 3 bis 6‰ für ein Vertrauensintervall von 95%. Diese Reproduzierbarkeit ergab sich aus 10 Messungen (Bandbeladungen) mit je 11 Wiederholungsmessungen (Scan des Mo-Massenspektrums).

Die in Abb. 2 und 3 gewählte Darstellungsweise erlaubt eine Einschätzung der ZfI-Meßergebnisse gegenüber denen anderer Autoren.

In Abb. 2 sind die Werte für die Mo-Isotopenverhältnisse von *Crouch*, *Tuplin* [2], *Tausch* [5], und *Stevens* [3] des Bleiberger Wulfenits auf die ZfI-Ergebnisse bezogen. Aus Abb. 3 kann nicht nur die Varianz für die Werte von *Stevens*, *Crouch* und *Tuplin* für den Altenberger Molybdänit, sondern auch die für die ZfI-Werte dieses Molybdänits im Vergleich zum Bleiberger Wulfenit entnommen werden.

Während die Resultate von *Crouch* und *Tuplin*, wie auch schon *Stevens* feststellte, eine signifikante Abreicherung bis 2,7% in den Massen 94, 97 und 100 zeigen, ist die Übereinstimmung mit den Ergebnissen von *Tausch* gut. Die

Tab. 1. Isotopenzusammensetzung von Molybdän in Wulfenit und Molybdäniten

	92/96	94/96	95/96	97/96	98/96	100/96
I Wulfenit						
Bleiberg, Kärnten, Österreich						
ZfI	0,8902	0,5595	0,9564	0,5781	1,4409	0,5813
Tausch [5]	0,8861	0,5530	0,9543	0,5731	1,4501	0,5786
Crouch, Tuplin [2]	0,8869	0,5448	0,9522	0,5623	1,4624	0,5720
Stevens [3]	0,9203	0,5640	0,9621	0,5678	1,4257	0,5603
II Molybdänit						
Altenberg, Erzgeb., DDR						
ZfI	0,8912	0,5567	0,9545	0,5767	1,4411	0,5794
Crouch, Tuplin	0,8836	0,5451	0,9525	0,5656	1,4604	0,5733
Stevens	0,9118	0,5621	0,9610	0,5699	1,4320	0,5639
III Molybdänit						
Santa Niño Mine, Santa Cruz Co., Arizona, USA						
ZfI	0,8909	0,5576	0,9554	0,5774	1,4416	0,5778

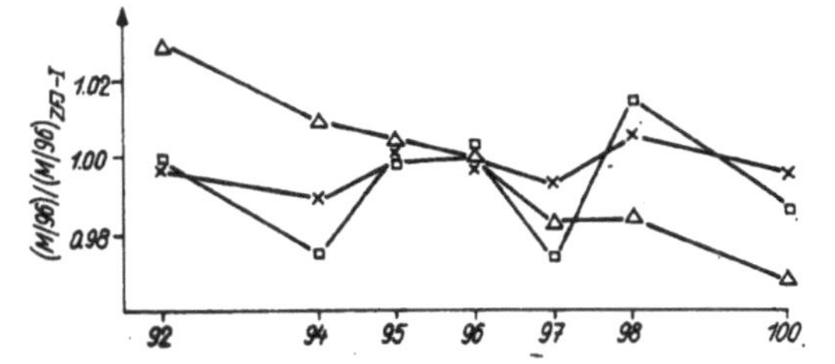

Abb. 2. Vergleich der Literaturwerte für die Isotopenzusammensetzung des Molybdäns im Bleiberger Wulfenit (1), bezogen auf eigene Messungen
□ – *Crouch, Tuplin* [2]; △ – *Stevens* [3]; × – *Tausch* [5]

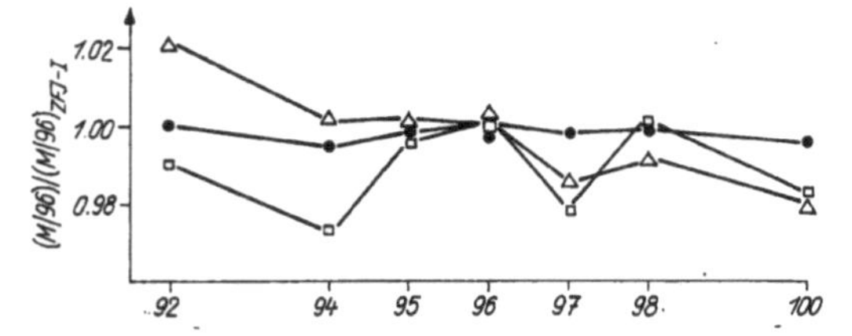

Abb. 3. Ergebnisse des Altenberger Molybdänits (II) im Vergleich mit Literaturdaten
□ – *Crouch, Tuplin*; △ – *Stevens*; ○ – ZfI

Abweichungen von maximal 6‰ liegen innerhalb des experimentellen Fehlers.

Die geringen erkennbaren Schwankungen lassen sich mit Linienkoinzidenzen bei den Massen 94 und 97 erklären.

Aus den relativ großen Abweichungen der Meßwerte von *Stevens* besonders für die Isotopenverhältnisse (92/96 und 100/96 – maximal 3,3%) ist die unberücksichtigte Massendiskriminierung bei der Molybdän-Isotopenanalyse erkennbar. In dieser Arbeit wurden die gemessenen Isotopenverhältnisse mit einem Massendiskriminierungsfaktor $B = -0{,}3167$ (für $^{92}Mo/^{100}Mo$) korrigiert.

Ein mathematisches Modell zur Beschreibung von Massendiskriminierungseffekten während der Isotopenanalyse des Molybdäns wird in einer Publikation von *Rees* [8] vorgeschlagen.

Die experimentelle Bestimmung der Massendiskriminierung kann unter Verwendung zweier hochangereicherter Molybdäntracer oder über einen definierten Molybdänstandard erfolgen.

In Abb. 4 sind die δ-Werte für die Proben II und III – bezogen auf Probe I – dargestellt. Daraus können keine signifikanten Unterschiede für die Isotopenzusammensetzung der untersuchten terrestrischen Molybdän-Minerale abgeleitet werden. Alle Abweichungen überschreiten nicht den experimentellen Fehler der Isotopenanalyse, und sie können deshalb nicht eindeutig als Feinvariationen angesehen werden.

Da mit dem verbesserten Nachfolgegerät des CH 6-TH, dem Massenspektrometer TH 5, gleiche Resultate für die Molybdän- und Wulfenitproben erzielt wurden, scheint festzustehen, daß mit den derzeitig zur Verfügung stehenden Massenspektrometern natürliche Isotopenvariationen des Molybdäns nicht gemessen werden können, auch wenn mittels umfangreicher Korrektur- und Eichmaßnahmen sowie durch die Auswahl für die Messung geeigneterer Mo-Verbindungen die Meßmethode verbessert wird. Dieses Analysenproblem kann erst mit Massenspektrometern gelöst werden, die in der Lage sind, Meßergebnisse mit relativen Standardabweichungen von $< 0{,}1$‰ für die externe Reproduzierbarkeit zu liefern.

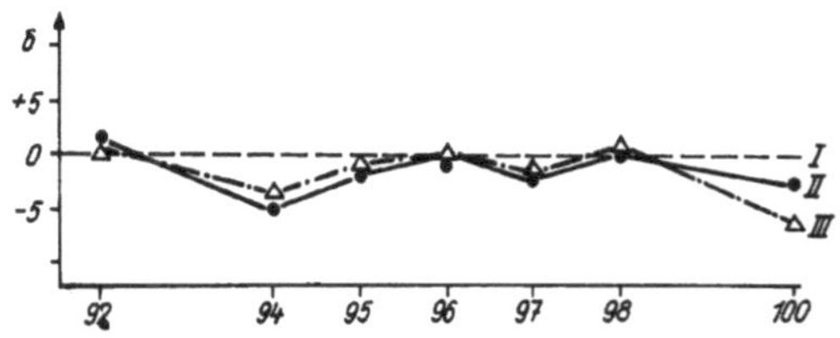

Abb. 4. Vergleich der ZfI-Ergebnisse für die Isotopenanalyse des Molybdäns in den Molybdäniten (II, III) mit Resultaten des Bleiberger Wulfenits (I)

Für die Lösung des eingangs erwähnten Problems der Mo-Isotopenanalyse zur Abbrandbestimmung in Kernbrennstoffen ist die Isotopenanalyse über das Zinkmolybdat ein brauchbares Analysenverfahren, besonders wegen des geringen Probenmaterialeinsatzes, der bis zu 0,5 µg Mo gesenkt werden kann.

Eingegangen am 4. 3. 1981

Literatur

[1] *V. R. Murthy*, Geochim. Cosmochim. Acta **27** (1963) 1171
[2] *E. A. Crouch, T. A. Tuplin*, Nature **202** (1964) 1282
[3] *C. M. Stevens*, Int. J. Mass. Spectrom. Ion Phys. **8** (1972) 251
[4] *G. W. Wetherill*, J. Geophys. Res. **69** (1964) 4403
[5] *E. A. Tausch*, Diss. Abstr. Order No 74-16530 V. 35, N. 1 (1974)
[6] *S. Becker, H.-J. Dietze*, Isotopenpraxis **16** (1980) 190
[7] *K. Hirsch, H.-J. Dietze*, ZfI-Mitteilungen **27** (1979) 39
[8] *C. E. Rees*, Int. J. Mass. Spectrom. Ion Phys. **3** (1969) 71

Gezielte ^{15}N-Anreicherung von organischen Düngemitteln für Versuchszwecke 1. Mitt. Gewinnung von ^{15}N-markierten Futtermitteln

H. Peschke

(Sektion Pflanzenproduktion der Humboldt-Universität zu Berlin) [1])

Zur Herstellung ^{15}N-markierter organischer Dünger tierischer Herkunft ist vorab die Produktion ^{15}N-angereicherter Futtermittel erforderlich. Unter Verwendung von $^{15}NH_4{}^{15}NO_3$ mit einer relativen *^{15}N-Häufigkeit von 50 Atom-% als Düngemittel werden Rüben, Weidelgrasheu sowie Haferkorn und -stroh als eine komplette Tagesration für einen Fütterungsversuch mit einer Milchkuh auf der Grundlage vorher notwendiger Kalkulationen erzeugt. Im Ergebnis von ^{15}N-Verdünnung und N-Schwund stehen von den eingesetzten 105,5 g ^{15}N im Düngemittel noch 44,0 g ^{15}N im Futter für den Tierversuch und die Kot-Harn-Gewinnung zur Verfügung.*

Keywords

agriculture; cows; excretion; fertilizers; forage; labelling; nitrogen 15

1. Einleitung

Die Pflanzenproduktion der DDR hat ein hohes Niveau der Mineraldüngeranwendung erreicht. Trotzdem ist die Nährstoffzuführung von 20 bis 35% über organische Dünger am Bruttogesamtverbrauch beachtlich. Die Hauptbedeutung der organischen Düngung liegt aber zweifellos in der Produktion der organischen Substanz des Bodens.

Mit Hilfe der ^{15}N-Tracertechnik konnten auch in vielen landwirtschaftlichen Disziplinen bisherige Untersuchungsergebnisse präzisiert, bestimmte Vorstellungen korrigiert und schließlich auch neue Erkenntnisse gewonnen werden. Der Umfang der bereits isotopenanalytisch ausgerichteten Experimente ist erheblich (*Hübner, Schößler* [1]). Überblickt man die Literatur der Fachgebiete Bodenkunde, Düngung und Pflanzenernährung, dann ist festzustellen, daß überwiegend anorganische Präparate und mineralische Düngemittel mit ^{15}N-Anreicherung für diverse Versuchsanstellungen herangezogen wurden, während ^{15}N-enthaltende organische Düngemittel, vor allem solche tierischer Herkunft, nur in wenigen Fällen Verwendung fanden. Dieses Mißverhältnis steht der Bedeutung und den zu lösenden Problemen der organischen Düngung entgegen und ist in der aufwendigen, kostspieligen und risikoreichen Herstellung derartiger Tracer begründet.

Während die Erzeugung ^{15}N-organischer Dünger pflanzlicher Herkunft (Stroh, Gründung) unkompliziert ist und sie in der Regel bereits als Nebenprodukte anderer Düngungsversuche anfallen, ist die Gewinnung ausreichend ^{15}N-angereicherter Kot-Harn-Gemische an entsprechende Tierversuche mit vorhergehender ^{15}N-Futterproduktion gebunden. Als Ausgangsmaterial für einen Fütterungsversuch kommen in Frage:

- Erntereste von ^{15}N-Feldversuchen (Stroh u. a.),
- markierte Futterzusätze (^{15}N-Harnstoff, ^{15}N-Ammoniumbikarbonat u. a.),
- gezielt produzierte ^{15}N-Futtermittel für komplette Tagesrationen.

Ohne Zweifel kommt die letzte Variante den tatsächlichen Gegebenheiten am nächsten. Nur die aus einem solchen Versuch aufbereitete Gülle kann als Vergleichsstandard angesehen werden.

Für ein Düngungsprojekt „Wirkungsbereich ^{15}N-organischer Düngemittel" wurden verschiedene Dünger benötigt. In dieser Arbeit soll über die ^{15}N-Futtermittelerzeugung und die ^{15}N-Güllegewinnung berichtet werden.

2. Versuchsplanung

Anders als bei technischen Isotopenmarkierungsverfahren ist die ^{15}N-Ausbeute bei der Herstellung organischer Tracer über Pflanze und Tier nicht exakt vorherbestimmbar. Einerseits verlangen die hohen Kosten der Initialmarkierung einen möglichst niedrigen Einsatz, andererseits sollen die folgenden Versuchsabstufungen, die ^{15}N-Verdünnung und N-Verluste einschließen, oberhalb der maximalen Isotopenverdünnung liegen. Ertragsschwankungen müssen ebenso berücksichtigt werden wie einige Risikofaktoren solcher hochwertigen Feldversuche, z. B. Witterung, Wildschäden, Verunkrautung, Schädlingsbefall. In Abwägung dieser Umstände sind entsprechende Vorüberlegungen unumgänglich.

Infolge der einstreulosen Haltung in Tierproduktionsanlagen ist die Gülle mengenmäßig mit über 50 Mill. t pro Jahr in der DDR zum vorherrschenden organischen Dünger geworden. Hoher Anteil leichtlöslichen Stickstoffs und die Notwendigkeit ganzjähriger Ausbringung belegen nur zwei von vielen Problemen der Gülleanwendung, die einer weiteren forschungsmäßigen Bearbeitung bedürfen. Zu diesem Zweck sollte ^{15}N-markierte Gülle hergestellt werden. Da über 50% des Gülleanfalls aus der Rinderproduktion stammen, wurde die Aufgabe gestellt, entsprechend hochangereicherte Futtermittel für die Verfütterung an ein laktierendes Rind zu erzeugen. Der Kot- und Harnanfall ist als Grundlage für die Zusammenstellung von Modellgülle vorgesehen.

[1]) Anschrift: 1040 Berlin, Invalidenstr. 42

Tab. 1. Kalkulation der Düngungsfläche

Futtermittel	Tages-futter-ration [1]) kg	Ertrag dt/ha	Ertrag kg/m²	Erforder-liche Fläche m²
Futterrüben	15	375	3,75	4
Heu (Feldgras)	3	100	1,00	3
Haferkorn	3	37,5	0,375	
Haferstroh	3	37,5	0,375	8
insgesamt	—	—	—	15

[1]) laktierendes Rind ~ 5 l Milch/Tag

Tab. 2. Kalkulation des Düngerbedarfs

Futtermittel	N kg/ha	N g/m²	Parzelle m²	N g/Parzelle
Futterrüben	180	18	4	72
Heu (Feldgras)	250	25	3	75
Hafer	80	8	8	64
insgesamt	—	—	15	211

Tab. 3. Kalkulation der Düngemittelkosten

	Ammoniumsulfat	Ammoniumnitrat	Harnstoff
211 g N = g Düngemittel	1030	620	455
M/g Düngemittel			
95 Atom-% ^{15}N	117,60	193,20	488,00
50 Atom-% ^{15}N	67,80	110,00	273,60
10 Atom-% ^{15}N	5,00	7,50	48,40
1000 M/Bedarf Düngemittel			
95 Atom-% ^{15}N	121,1	119,8	222,0
50 Atom-% ^{15}N	69,8	68,2	124,5
10 Atom-% ^{15}N	5,2	4,7	22,0

Der Fütterungsversuch ist nicht beliebig teilbar oder einschränkbar. Um eine genügend hohe Anreicherung für eine bestimmte Zeit der Kot-Harn-Exkretion bei einem Futterdurchgang von mehreren Tagen zu erreichen, muß ein vollständiges ^{15}N-Angebot, das eine Stoßwirkung erzielt, gesichert werden. Das soll mit einer kompletten Tagesration bewirkt werden. Die darauf bezogene Kalkulation der Düngungsfläche (Tab. 1) ergibt einen Flächenbedarf von 15 m². Die notwendige Menge an Düngerstickstoff ist in Tab. 2 kalkuliert. Von wesentlicher Bedeutung für die Versuchskosten ist die Entscheidung für die Düngemittelform und die relative Häufigkeit des stabilen ^{15}N-Isotops (Tab. 3). Während hier die Auswahl zugunsten des Ammoniumnitrats leichtfällt und boden- sowie fruchtartenbezogene Formwünsche zurücktreten, ist die Festlegung der Markierungshöhe von eminenter Bedeutung für die über mehrere offene Systeme laufende Tracertechnik und die Düngemittelkosten (*Peschke* [2]). Der Experimentator hat sich für eine relative ^{15}N-Häufigkeit von 50 Atom-% entschieden.

3. Versuchsergebnisse

Die Futterproduktion erfolgte auf einer Sandrosterde der Körnungsart Sand (4,9 mval/100 g Boden Austauschkapazität; 1,39% C_t; 0,124% N_t; 5,8 *p*H) in Berlin-Malchow. Die Düngung wurde entsprechend den Kalkulationen der Tab. 1 und 2 mit Ammoniumnitrat (50 at-% ^{15}N) vorgenommen, wobei Rüben und Weidelgras 3 und Hafer 2 Teilgaben erhielten. Die Witterung des Jahres 1978 war allgemein zu kalt, zu Beginn der Vegetation zu trocken, später teilweise zu naß. Dadurch war das Anfangswachstum des Weidelgrases sehr schleppend, bei den Rüben zeigten sich Anfang Mai Frostschäden. Die Haferentwicklung litt insgesamt. Wegen Schädlingsbefall war eine dreimalige Behandlung der Rüben mit Bi 58 EC notwendig, auf der Haferfläche wurde SYSprop als Herbizid angewendet. Weidelgras und Rüben erhielten zwischenzeitlich Zusatzwasser.

Erwartungsgemäß wurden die Planerträge nicht voll realisiert (Tab. 4). Während die Heuernte etwa der Kalkulation entspricht, wurde der Haferkornertrag nicht erreicht, dagegen die Rübenmasse weit überboten. Bereits aus den N-Entzugswerten im Verhältnis zur N-Düngung geht her-

Tab. 4. ^{15}N-Futtermittelerzeugung

Fruchtart	Nutzungsteil	Ertrag Frischmasse dt/ha	Ertrag Trockenmasse dt/ha	N_t %	N_t Entzug kg/ha	^{15}N Atom-% überschuß	^{15}N Entzug kg/ha
Weidelgras 250 kg N/ha	1. Schnitt		23,3	3,64	84,9	26,18	
	2. Schnitt		18,8	4,08	76,8	28,21	
	3. Schnitt		34,5	2,61	90,1	21,91	
	4. Schnitt		21,2	2,14	45,3	9,24	
	5. Schnitt		13,8	2,47	34,0	5,22	
	insgesamt		111,6	2,97	331,1	20,98	69,46
Futterrüben 180 kg N/ha	Rübe	895	87,4	1,92	167,8	12,74	
	Blatt	438	44,5	3,00	133,5	10,63	
	insgesamt		131,9		301,3	11,81	35,58
Hafer 80 kg N/ha	Korn		15,9	1,93	30,7	15,81	
	Stroh		41,4	0,97	40,1	15,74	
	insgesamt		57,3		70,8	15,77	11,17

Tab. 5. ^{15}N-Bilanz

	Weidelgras		Rüben		Hafer	
	kg/ha	%	kg/ha	%	kg/ha	%
Düngung	125	100	90	100	40	100
Pflanzenentzug	69,5	55,6	35,6	39,5	11,2	28,0
Immobilisation	34,4	27,5	25,0	27,8	24,0	60,0
Verluste	21,1	16,9	29,4	32,7	4,8	12,0

vor, daß eine beträchtliche Verdünnung durch nativen Boden-N natürlicher relativer Häufigkeit erfolgt ist. Das wird auch durch die Ausnutzungsraten des Düngerstickstoffs von 28 bis 56% bzw. des Anteils von bodenbürtigem Stickstoff im pflanzlichen N-Entzug von 58 bis 76% deutlich und schließlich im relativen Atom-% ^{15}N-Überschuß der drei Futterkomponenten manifestiert. Inwieweit an die ^{15}N-Dezimierung im Futter auch die N-Immobilisation im Boden und die N-Verluste (Denitrifikation und Auswaschung) als Schwundpositionen beteiligt sind, geht aus der N-Bilanz (Tab. 5) hervor.

Auf der Basis der ^{15}N-Entzüge nach Tab. 4 und den Anbauflächen errechnet sich ein ^{15}N-Gewinn von 20,84 g bei Weidelgras, 14,23 g bei Rüben und 8,93 g bei Hafer. Die verwendeten 105,5 g ^{15}N als Ammoniumnitrat wurden damit auf 44,0 g ^{15}N im Futter, d. h. auf 41,7% untersetzt. Folglich steigert sich der kalkulierte Preis pro g ^{15}N des Düngemittels (rel. Häufigkeit 50 Atom-%) von 646 M auf 1550 M pro g ^{15}N der Futtermittel, ohne Berücksichtigung weiterer Kostenzuschläge für die Versuchsdurchführung.

Eingegangen am 24. 3. 1981

Literatur

[1] *H. Hübner, H. Schößler*, Stabile Isotope. Schriftenreihe Anwendung von Isotopen und Kernstrahlungen in Wissenschaft und Technik, Heft 7, 1975

[2] *H. Peschke*, Arch. Acker- u. Pflanzenbau u. Bodenkunde 25 (1981) 765

Buchbesprechungen

Isotope Studies on Rice Fertilization

Technical Series No. 181: IAEA — STI/DOC/10/181, Vienna 1978; 134 S., 14 Abb., 19 Tab.; US $ 12.00

Die Schrift ist der Ergebnisbericht eines 5jährigen Forschungsprogramms der FAO/IAEA über die Anwendung von ^{15}N-markierten Düngemitteln beim Reisanbau. Das Forschungsprogramm lief von 1970—1974, und es waren Bangladesh, Burma, Indonesien, VR Korea, Korea, Sri Lanka, Taiwan, Thailand und die VR Vietnam in den ersten Jahren beteiligt, später auch die Philippinen und Indien. Das Gesamtziel der Untersuchungen war die Erfassung von Effekten bei unterschiedlichem Einsatz von N-Düngemitteln auf den Reis-Ertrag einschließlich der jahreszeitlichen Faktoren (Trocken- und Regenzeit). Als Düngemittel wurden Ammonsulfat und Harnstoff, meist nur gering ^{15}N angereichert (~ 1 Atom% Überschuß), verwendet. Die zentrale Größe ist der sog. % Ndff-Wert, der prozentuale Anteil des Stickstoffs, der aus dem Düngemittel stammt und auf Grund seiner Markierung überhaupt ermittelt werden kann. Die Düngemittelgaben (100 kg N/ha) wurden einerseits zu verschiedenen Zeitpunkten und andererseits insgesamt oder aufgeteilt in unterschiedliche Portionen (4 × 25 kg N/ha) und Mengen (1 + 25 kg N/ha, 2 × 25 kg N/ha, 3 × 25 kg N/ha) verabreicht. In einem umfangreichen Tabellenanhang von 68 Seiten werden alle ermittelten Daten und Angaben über die Bodenqualitäten gemacht, jeweils aufgeschlüsselt auf die einzelnen Programmabschnitte, Länder und Jahreszeiten. Allgemeine Ableitungen und Schlußfolgerungen sind ohne Berücksichtigung der loklaen Besonderheiten nur bedingt möglich, vor allem in bezug auf den Zeitpunkt der Düngemittelgaben und die Menge bzw. aufgeteilte Menge.

Diese Schrift sollte in jedem landwirtschaftlichen Institut vorhanden sein, das in tropischen Ländern u. a. Untersuchungen über Reis und seine Ertragssteigerung ausführt; sie enthält eine Fülle von Hinweisen, die unter Beachtung einer Vergleichsmöglichkeit auch übertragbar sind. Dem Bodenkundler bietet die Schrift außerdem eine tabellarische Zusammenstellung der charakteristischen Werte der genannten Länder und ihrer zeitlichen Änderungen.

H. Hübner

International Nuclear Fuel Cycle Evaluation (INFCE)

Wien: IAEA 1980, 9 Bd. (in Englisch) 1959 S., 234 Abb., 255 Tab., 606 Lit.; karton., compl. AS 2900,—

1977 wurde in Washington ein internationales Studienprogramm zur Einschätzung des Kernbrennstoffkreislaufs eröffnet, eine Plenar- und eine Abschlußsitzung fanden 1978 bzw. 1980 in Wien statt. 8 Arbeitsgruppen erarbeiteten in insgesamt 61 Beratungen zu einzelnen Themenkreisen Berichte, worin die technischen Möglichkeiten zur Befriedigung des Energiebedarfs, Maßnahmen zur Verringerung des Risikos eines Zugriffs zu sensitiven Kernmaterialien und die besonderen Bedingungen für Entwicklungsländer niedergelegt wurden. Die Bände 1 bis 8 enthalten die Berichte, die durch Anlagen ergänzt sind und denen jeweils eine Zusammenfassung vorangestellt ist. Bd. 9 enthält eine Gesamtübersicht, die Zusammenfassungen der 8 Einzelberichte und Angaben über die Organisation des Studienprogramms.

AG 1: *Verfügbarkeit von Brennstoff und Schwerwasser*

Der Uranbedarf hängt sowohl vom künftigen Energiebedarf als auch von der gewählten Reaktorstrategie ab; er ist bei der Verwendung von Leichtwasserreaktoren (LWR) ohne Wiederaufarbeitung am größten. Durch Einsatz von Schwerwasserreaktoren und Verwendung des erbrüteten Plutoniums in thermischen Reaktoren verringert sich der Uranbedarf, insbesondere aber bei breiter Einführung der Schnellen Brüter (SBR). Man rechnet im Jahr 2025 mit einem Kernenergiebedarf von 1800 bis 3900 GW(e). Bei Einsatz von LWR würde man für 3900 GW(e) 600 000 t Uran benötigen, bei einer breiten Anwendung von SBR wären nur 50000 t erforderlich. Gegenwärtig sind Vorräte von 2,6 Mio t Uran erkundet, weitere 2,4 Mio. t werden angenommen und noch 10 Mio. t als spekulativ bezeichnet. Wenn im Jahr 2000 mit einem breiten Einsatz von SBR begonnen wird, benötigt man bis 2025 insgesamt 10 Mio. t Uran. Die Vorräte an Thorium sind vergleichsweise reichlich, und es werden keine Probleme bei der Versorgung mit Schwerwasser gesehen.

AG 2: *Anreicherungsmöglichkeiten*

Die Anreicherung von ^{235}U erfolgt gegenwärtig vorwiegend nach dem Gasdiffusionsverfahren, in geringem Umfang auch nach dem Zentrifugenverfahren. Aerodynamische, chemische, Laser- und Plasmaverfahren befinden sich in der Entwicklung. Anreicherungskapazitäten können dem Bedarf entsprechend relativ kurzfristig geschaffen werden

AG 3: *Sicherung einer langfristigen Versorgung*

Im Rahmen der internationalen Zusammenarbeit sollen sowohl die langfristigen Vereinbarungen über den Ex- und Import von Uran, Schwerwasser, Reaktoren, Anreicherungsleistungen und Endlagerung als auch die Politik der Nichtweiterverbreitung von Kernwaffen gesichert werden.

AG 4: *Wiederaufarbeitung und Einsatz von Plutonium in thermischen Reaktoren*

Bei einer signifikanten Uranverknappung bzw. -preissteigerung kann auch der Einsatz von Plutonium in thermischen Reaktoren attraktiv werden. Es werden verschiedene Verfahren und deren Auswirkungen auf Rohstoffnutzung, Ökonomie, Umwelt sowie das Risiko eines Mißbrauchs dargestellt.

AG 5: *Schnelle Brüter*

Es werden die Brennstoffherstellung und die Wiederaufarbeitungstechnologie sowie potentielle Möglichkeiten verbesserter Brennstoffe einschließlich des Einsatzes von Thorium beschrieben.

AG 6: *Behandlung abgebrannter Brennelemente*

Es werden Technologien für die Lagerung am Reaktor, im Zwischen- und im Endlager sowie für den Brennelementetransport erläutert.

AG 7: *Abfallbearbeitung und -beseitigung*

Für verschiedene Reaktorstrategien werden Verfahren zur Bearbeitung und Beseitigung radioaktiver Abfälle, deren Einfluß auf Umwelt und Energiekosten sowie Risiken der nicht-friedlichen Anwendung erläutert und ausführlich die Endlagerung in Salz und Granit dargestellt.

AG 8: *Fortgeschrittene Kernbrennstoffkreisläufe und Reaktorkonzeptionen*

Eine wesentliche Verringerung des Uranbedarfs thermischer Reaktoren wird durch den zusätzlichen Einsatz von Thorium erzielt. Allerdings erschweren der zur Lösung des Thoriumoxids notwendige Zusatz an Flußsäure die Wiederaufarbeitung und die durch Tochternuklide des aus Thorium gebildeten ^{232}U verursachte höhere Radioaktivität der rückgewonnenen Brennstoffs die Brennelementfabrikation.

In den Berichten werden in erster Linie Strategien verglichen und weniger technische Details vorgestellt. Deshalb sind die Berichte besonders für an der Ausarbeitung von Kernenergieprogrammen beteiligte Wissenschaftler von Interesse.

S. Niese

Chemical Aspects of the Nuclear Fuel Cycle

R. G. Wymer (Hrsg.): Radiochimica Acta: A special issue. — Wiesbaden: Akad. Verlagsges. 1978. Vol. 25, No. 3/4, S. 121—250; DM 45,—

Neben einem kurzen Vorwort, das vom koordinierenden Herausgeber *R. G. Wymer* (ORNL) verfaßt wurde, enthält dieses Sonderheft der Zeitschrift 13 Einzelbeiträge zum Thema „Chemische Aspekte des Kernbrennstoffzyklus". Dabei ist dieser Themenkreis weitgespannt: Über die Chemie des Mahlprozesses bei der Uranium-Erzaufbereitung (*C. J. Hardy*, S. 121—134) bis zur Bedeutung des Oklo-Naturreaktors für die Lagerung von radioaktiven Abprodukten (*R. Hagemann, E. Roth*; S. 241—47). Ferner wären im einzelnen noch zu nennen: Die Umwandlung von UO_3 in UF_6 (*J. H. Pashley*, S. 135—138), Aquochemische Prozesse bei der Herstellung von Brennstoff für den HTR (*E. Zimmer, P. Naefe, H. Ringel*; S. 161—69), Überblicke über die Solventextraktionsprozesse von Spaltnukliden (*J. V. Holder*, S. 171—80), über einige elektrochemische Verfahren bei der Wiederaufarbeitung von Kernbrennstoffen in wäßrigen Systemen (*H. Baumgärtner, H. Schmieder*; S. 191—210) und über Glas als Material für die Endlagerung von Spaltprodukten (*N. Jacquet-Francillon, R. Bouniaud, C. Sombret*; S. 231—40). Daneben finden sich in fast allen Beiträgen Anmerkungen zum Verhalten und zur Abtrennung von Transuranen aus dem Kernbrennstoffkreislauf.

Diese Sonderausgabe der Zeitschrift ist wohl als ein Versuch zu verstehen, zu einem aktuellen Thema auf schnellstem Wege eine geschlossene Publikation vorzulegen; als wie schnell die Aktualität gewertet werden kann, ist an folgenden Eingangsdaten zu erkennen: frühestes Datum 27. 7. 1978, spätestes Datum 6. 12. 1978 — für die revidierten Fassungen: frühestes Datum 23. 10. 1978 und spätester Eingang 29. 1. 1979.

Sollte in den einschlägigen Bibliotheken von Kernforschungszentren und -instituten die Zeitschrift nicht ohnehin vorhanden sein, dann ist die Anschaffung dieses Sonderheftes zu empfehlen. Dem Kernchemiker im besonderen bietet das Heft erneut einen Einblick in die chemischen und physikalisch-chemischen Eigenschaften der Kernbrennstoff-Nuklide.

H. Hübner

Isotopes in Organic Chemistry
Vol. 5: Cationic Reactions

E. Buncel; C. C. Lee (Hrsg.) Amsterdam — Oxford — New York: Elsevier Scientific Publ. Comp. 1980; 324 S., 2 Abb., 19 Tab.; Leinen U$ 73,25; Dfl 150,00

Nun liegt der 5. Band aus der Reihe „Isotope in der organischen Chemie" vor und — da keinerlei Anmerkungen über weitere Bände zu finden sind — auch wohl der zunächst letzte. Dieser Band ist in folgende Kapitel gegliedert: 1. Entartete Umlagerungen von Tri-arylvinyl-Kationen (*C. C. Lee*, S. 1—44, 81 Lit.), 2. Die *Pummerer*- und *Pummerer*-artige Reaktionen (*Sh. Oae, T. Numata*; S. 45—102, 213 Lit.), 3. Anwendung von isotop-markierten Verbindungen zum Studium der *Friedel-Crafts*-Reaktionen (*R. M. Roberts, Th. L. Gibson*; S. 103—145, 77 Lit.) und schließlich 4. Aromatische kationische Umlagerungen (*D. L. Williams, E. Buncel*; S. 147—230, 195 Lit.). Den Abschluß bildet ein Stichwortverzeichnis.

Zwei der behandelten Namen-Reaktionen sind schon sehr lange bekannt und fester Bestandteil der präparativen organischen Chemie: die *Friedel-Crafts*-Reaktion seit 1877 und die *Pummerer*-Reaktion seit 1909 (Umlagerung von Methylsulfoxiden mit Säureanhydriden zu α-substitnierten Sulfiden). Es ist erstaunlich, was allein zu diesen beiden klassischen Reaktionen an Neuem gesagt werden kann und in welcher „Harmonie" sich die Isotopenmethoden in die Reihe aller anderen Methoden der Reaktionsaufklärung einordnen (kinetische Methoden, insbesondere die *Hammett*-Säurefunktion, optisch aktive Verbindungen und stereospezifische Methoden, Ausbeutevergleiche bei Abwandlung der Substituenten, NMR-Technik und ihre Interpretation u. a. m.). Unter der Überschrift des Kapitels 4 werden vor allem die Umlagerungen von Nitraminen, N-Nitrosaminen, von Phenylestern (*Fries*-Umlagerung), von aromatischen Azoxy-Verbindungen (*Wallach*-Umlagerung), von Diazonium-Salzen und schließlich die Benzidin-Umlagerung behandelt. Von den eingesetzten Isotopenmethoden sind neben den reinen Traceruntersuchungen (mit D, ^{13}C, ^{14}C, ^{15}N) der Isotopenaustausch und der kinetische Isotopieeffekt zu nennen.

Das Buch ist vordergründig dem Anwender von Isotopenmethoden in der organischen Chemie gewidmet; er soll sehen, welche Vielfalt von Umwandlungsmöglichkeiten zu beachten ist, um Eindeutigkeit bei der Aufklärung von Reaktionsmechanismen zu erzielen. Das Buch sollte aber auch in den Händen von Organikern sein, die Reaktionsmechanismen dieser oder auch anderer Art aufklären wollen oder müssen. Er soll sehen, was ihm die Isotopenmethoden liefern können, eingebettet in die anderen Methoden der Mechanismen-Aufklärung. Da allerdings auch Modelle für eine biologische Demethylierung von Methylsulfoxiden diskutiert werden und ein Kapitel den N-Nitrosamin-Umlagerungen gewidmet ist, sollte auch der Biochemiker das Buch zu Rate ziehen und sich anregen lassen.

Die Literatur ist mit insgesamt 566 Zitaten sehr gut erfaßt; die Zahl von 2 Abbildungen sollte nicht täuschen, da die Formelsprache der organisch-mechanistischen Chemie i. allg. nicht als Abbildung gezählt wird, und gerade von dieser übersichtlichen Formelsprache ist sehr rege Gebrauch gemacht worden. Alles in allem ein sehr guter Teilband in einer insgesamt anspruchsvollen Serie.

H. Hübner

Liquid Scintillation Counting Practice

A. Dyer London, Philadelphia, Rheine: Verlag Heyden 1980; 100 S., 35 Abb., 26 Tab., 116 Lit.; gebunden $ 18.00; £ 8.00; DM 37,50

Die Flüssigkeitsszintillationsspektrometrie ist eine der wichtigsten Standardmeßtechniken für Betastrahler geworden. Bezogen auf den Meßprobenumfang, vor allem im Bereich der Medizin und der biologischen Wissenschaften ist sie sicher die am häufigsten eingesetzte Meßtechnik für radioaktive Stoffe. Entsprechend umfangreiches Schrifttum existiert bereits. Das vorliegende Büchlein will dieses publizierte Wissen nicht erweitern, sondern versteht sich als kurzgefaßtes Kompendium, als Anleitung für den Praktiker, der bereits Erfahrungen beim Umgang mit radioaktiven Stoffen hat. Dieser Zielstellung entspricht der didaktische Aufbau des Buches mit folgenden Kapiteln

- Technisches Prinzip
- Grundlagen
- Instrumentierung
- Probenpräparation für ^{14}C- und tritiummarkierte Substanzen
- Anwendung der Flüssigkeitsszintillationsspektrometrie für andere Betastrahler
- Quenching -Effekte und deren Korrektur
- Praxis der Durchführung von Flüssigkeitsszintillationsmessungen
- abgeleitete Anwendungsmöglichkeiten des Flüssigkeitsszintillationsspektrometers
- Radioimmunoassay-Technik

Neben einer knappen, aber ausreichenden bibliographischen Datensammlung sind in zwei Anhängen die wichtigsten Flüssigkeitsszintillationslösungen und eine Liste der käuflichen Chemikalien zusammengestellt.

Ohne Weitschweifigkeit, in kompakter Form, werden die wesentlichen, für die Nutzung dieser Meßtechnik notwendigen theoretischen und praktischen Grundlagen vermittelt. Besonders wertvoll ist die Tatsache, daß umfangreicher auf die Messung anderer Nuklide als ^{14}C- und Tritium eingegangen wird. Gerade die Anwendung der hochautomatisierten Flüssigkeitsszintillationsspektrometrie mit ihrer hohen Zähleffektivität verspricht einen erheblichen Rationalisierungseffekt der Meßtechnik bei Tracerexperimenten, die nichts mit dem klassischen Einzugsbereich der Flüssigkeitsszintillationsspektrometrie zu tun haben.

Breiter Raum ist der Quenchingproblematik gewidmet, kurz wird auf die analytische Ausnutzung des Quenchingeffektes, der Chemiluminsezenz und des *Čerenkov*effektes eingegangen. Bewußt verzichtet wird, um die Übersichtlichkeit zu bewahren, auf die Vollständigkeit in der Beantwortung aller Detailprobleme der Probenpräparation.

Das Buch, das kein Lehrbuch sein will, ist vor allem als Lektüre für den in der Medizin und den biologischen Wissenschaften tätigen Radiochemiker und Meßtechniker gedacht und gleichermaßen für die postgraduale Fortbildung geeignet.

J. Flachowsky

Elektronenstöße mit Atomen und Molekülen

G. F. Drukarev. Moskau: Nauka 1978 (in Russisch); 256 S., mit Abb.; gebunden M 9,—

In dieser Monographie wird der moderne Stand der Theorie von Elektronenstößen mit Atomen und Molekülen dargelegt. Elastische Streuung von Elektronen im Kraftfeld des Atoms einschließlich Polarisationserscheinungen, atomare Anregung und Ionisation infolge inelastischer Stöße, Anregung von Rotations- und Schwingungsniveaus zweiatomiger Moleküle, aber auch Anlagerungs- und Rekombinationsdissoziation von Molekülen werden eingehend behandelt.

Das Hauptaugenmerk des Buches liegt auf der Darlegung der theoretischen Grundlagen sowie der Ergebnisse der wichtigsten Berechnungsmethoden zur Bestimmung der effektiven Wirkungsquerschnitte der o.g. Wechselwirkungsprozesse.

Die Monographie ist für einen Kreis von Lesern gedacht, die sich im Zusammenhang mit ihrer Arbeit konkreter Angaben zu effektiven Wirkungsquerschnitten in Elektronenstoßprozessen bedienen müssen. Sie kann ebenfalls als wertvolle Ergänzung zu den Lehrmaterialien für Physikstudenten angesehen werden. Grundkenntnisse der Quantenmechanik und der statistischen Physik sind zum Verständnis der Darlegungen unerläßlich. *J. Leonhardt*

Vom Atomkern zum Kernkraftwerk

D. Bünemann, W. Kliefoth†; 3., völlig neubearb. u. ergänzte Aufl. — München: Verlag Karl Thiemig 1980. — VIII, 112 S., 50 Abb., 3 Tab.; Kart. DM 48,—

Die erste Auflage dieser in der Thiemig-Taschenbuchreihe (Nr. 19) herausgegebenen Broschüre erschien 1959 und war ebenso wie die 2. Auflage (1963) rasch vergriffen. Damit hat sich die von *Max Born* im Vorwort zur 1. Auflage geäußerte Ansicht bezüglich der günstigen Aufnahme dieser Schrift durch Leser, die an einer sachlich fundierten Information über eines der technischen Grundprobleme unserer Zeit — der friedlichen Nutzung der Kernenergie — interessiert sind, als richtig erwiesen.

In der nunmehr vorliegenden, stark erweiterten, 3. Auflage wird vor allem dem fortgeschrittenen Kenntnis- und Entwicklungsstand auf dem Gebiet der Kernenergetik und den damit zusammenhängenden Fragen Rechnung getragen.

Nach kurzen einleitenden Kapiteln, in denen kernphysikalisches Grundwissen vermittelt wird (u. a. Atomkern und -hülle, Elementumwandlung, künstliche Radioaktivität, Kernspaltungs-Kettenreaktion und ihre Nutzung zur Kernenergiegewinnung) folgen längere Abschnitte über Leistungsreaktortypen und ihre Arbeitsprinzipien, den Kernbrennstoffkreislauf, die Reaktorsicherheit und die Energiegewinnung durch Kernfusion. Außerdem wird auf Fragen der Nichtweiterverbreitung von Kernwaffen, der biologischen Strahlenwirkung und des Strahlenschutzes eingegangen. Betrachtungen über die Deckung des Energiebedarfs durch Kernenergie im Vergleich zur Nutzung von fossilen Brennstoffen und durch regenerative Energiequellen schließen den Band ab. Anhänge: Weiterführende Literatur, Begriffserläuterungen, Sachverzeichnis.

Die Broschüre ist gut geeignet, einem breiten, wissenschaftlich-technisch interessierten Leserkreis solide Grundkenntnisse auf dem Gebiet der Kernenergienutzung zu vermitteln. *K. Uhlig*

Atomphysik: Grundlagen — Atomhülle — Atomkern

H. Graewe; 3., überarb. u. erw. Auflage. — Köln: Aulis Verlag Deubner & Co KG 1979. — XVI, 447 S., 92 Abb., Tab.; gebunden DM 68,—

Im Vorwort zur „Atomphysik" weist der Autor darauf hin, daß es seine Absicht war, ein „Arbeitsbuch", kein Lehrbuch im herkömmlichen Sinn also, vorzulegen. Dementsprechend wurde auch der Aufbau dieser Publikation gestaltet — knapp und möglichst präzis in den Textpassagen, stark aufgelockert durch deutlich abgesetzte und/oder hervorgehobene Definitionen, Gleichungen, Zahlenwertangaben, tabellarische Zusammenfassungen; viele Einzelfeststellungen werden durch typische Beispiele belegt und erläutert. Maßangaben erfolgen nach den SI-Vorschriften, wobei die alten Einheiten vorteilhafterweise mit angegeben werden. Weiterführende Originalliteratur und zusätzliche Erklärungen zu bestimmten Fakten werden an Ort und Stelle in Fußnoten angeführt, die allerdings in einem extrem kleinen Schriftgrad gesetzt sind, der längeres Lesen zu einer ausgesprochenen Anstrengung macht.

Wie im Untertitel ausgewiesen, ist das Buch in 3 Hauptabschnitte gegliedert:

A. Grundlagen der Atomphysik (u. a. molekularer Aufbau der Materie, Periodensystem der Elemente und Atommodell, Elementarteilchen und Masse-Energie-Äquivalenz, Welle-Korpuskel-Dualität);
B. Atomhülle und Linienspektren (optische Spektren, Röntgenspektren, Verteilung und Eigenschaften der Elektronen in der Atomhülle);
C. Aufbau und Umwandlung der Atomkerne (Teilchennachweis und -erzeugung, radioaktiver Zerfall und Aufbau der Atomkerne; künstliche Kernumwandlungen, Kernzertrümmerung, Kernspaltung, Kernfusion und Atomenergie).

Eine sehr umfangreiche Bibliographie zusammenfassender, spezieller und von Lehrbuchliteratur sowie ein sorgfältig ausgearbeitetes Sachwortverzeichnis runden das Buch ab, dessen insgesamt sehr gute Ausstattung hervorzuheben ist.

Dieses Arbeitsbuch kann all denen empfohlen werden, die sich auf gehobenem Niveau einen Überblick über das Grundwissen und den aktuellen Erkenntnisstand auf dem Gebiet der Atom- und Kernphysik verschaffen wollen. *K. Uhlig*

Das Bild der modernen Biologie

H. Füller, Leipzig — Berlin — Jena: Urania-Verlag 1980; 304 S., 253 (meist farbige) Abb.; Leinen M 18,—

Neben der Kernphysik und der Mikroelektronik (einschl. der elektronischen Datenverarbeitung) gehört die Biologie zu den naturwissenschaftlichen Hauptgebieten, auf denen in den letzten Jahrzehnten durch das erfolgreiche Vordringen in den „Mikrobereich", hier in den Bereich der Molekularbiologie, grundlegende Erkenntnisfortschritte erzielt werden konnten, die u. a. auch wesentliche Auswirkungen für das Verständnis von Erscheinungen und Vorgängen im „Makrobereich" (Entstehung des Lebens auf der Erde, Vererbung, Entwicklung der Arten, Bedeutung von Ökofaktoren, Bioenergetik und Stoffwechsel, Funktion des Nervensystems und der Sinnesorgane u. a.) hatten.

Im vorliegenden Buch versucht der Autor, die wichtigsten Forschungsergebnisse und Untersuchungsmethoden auf dem Gebiet der Molekularbiologie in allgemeinverständlicher Form — naturwissenschaftliche Grundkenntnisse vorausgesetzt — darzulegen und zu zeigen, in welcher Weise sie zum tieferen Verständnis und zur Erklärung des im Zeitraum von Jahrhunderten gesammelten phänomenologischen Faktenmaterials beitragen konnten. In diesem Zusammenhang werden auch frühe theoretische bzw. hypothetische Denkansätze auf verschiedenen Teilgebieten der Biologie einer sachlich-kritischen Analyse unterzogen.

Das Buch ist in 6 Hauptabschnitte gegliedert: Der Weg zur modernen Biologie; Bausteine des Lebens (u. a. Zellen, molekulare Bausteine des Lebens, Bioenergetik,

Vererbung); Pflanzen, Tiere und Mikroben (Viren, Bakterien, Genübertragung, Photosynthese, Nervensystem, Funktion der Sinnesorgane und Informationsverarbeitung); der Weg zum Organismus (u. a. Zelldifferenzierung und Genregulation, Gentechnologie); das Problem der Mannigfaltigkeit (u. a. Populationsgenetik, Molekularbiologie und Evolution, Entstehung des Lebens); Leben und Umwelt (Ökosysteme und ihre Dynamik, Umweltschutz). Eine kleine, aber sorgfältig ausgewählte Bibliographie einschlägiger Literatur sowie ein Namen- und Sachwortverzeichnis schließen das Buch ab. Die Vielzahl der instruktiven, fast durchweg farbigen Abbildungen und Illustrationen ist lobend zu erwähnen.

In einer Zeit ständig zunehmender wissenschaftlicher Spezialisierung kann das Buch jedem zur Lektüre empfohlen werden, der sich einen ungefähren Überblick über das verschaffen möchte, was „nebenan" inzwischen erreicht wurde und wohin die weitere Entwicklung in den Grundzügen gehen wird.

K. Uhlig

Strahlenschutz und Abschirmung in Kernkraftwerken — Band 4

Ju. A. Egorov u. a. (Hrsg). Moskau: Atomizdat 1980 (russ.); 267 S., 143 Abb., 47 Tab.; Kunststoffeinband M 16,—

Auch der vierte Band der Serie enthält — wie seine Vorgänger — eine Sammlung von Originalarbeiten sowjetischer Autoren zu theoretischen und praktischen Problemen des Strahlenschutzes und der Strahlungsabschirmung in Kernkraftwerken.

Die Arbeiten sind vier Themenkreisen zugeordnet. Der erste nennt sich „Untersuchungen zum Strahlenschutz in Kernkraftwerken". Er enthält 11 Arbeiten, in denen insbesondere Erkenntnisse zur Strahlenbelastung in sowjetischen Kernkraftwerken mit Druckwasserreaktoren und mit Reaktoren vom Kanaltyp dargestellt und analysiert werden, um Wege zur Vervollkommnung des Strahlenschutzes und zur optimalen Gestaltung von Strahlungsabschirmungen zu finden. Insgesamt 13 Arbeiten sind im Themenkreis „Experimentelle und theoretische Untersuchungen von Abschirmungen" eingeordnet. In mehreren dieser Arbeiten wird über Untersuchungen des Strahlungstransports in stark heterogenen Anordnungen berichtet (u. a. zur Albedo für zweischichtige Reflektoren, Strahlungstransport an Grenzflächen und in begrenzten Abschirmungen). Wichtig erscheinen auch die Darstellungen eines zur Prüfung von Abschirmberechnungen geeigneten Basisexperiments, und interessant ist ein Versuch, den Transport ionisierender Strahlung durch Unregelmäßigkeiten mit Hilfe von optischen Anordnungen zu modellieren. Weitere 9 Arbeiten behandeln im dritten Themenkreis „Methoden und Programme zur Berechnung von Reaktorabschirmungen". Im Vordergrund des Interesses stehen dabei Untersuchungen zur vielseitigen Anwendung von *Monte-Carlo*-Methoden mit dem Ziel, komplexe Geometrien zu behandeln und den Rechenaufwand zu senken bzw. die Genauigkeit der Resultate zu verbessern. Darüber hinaus wird über die Entwicklung einfacherer ingenieurtechnischer Berechnungsmethoden für Strahlungsabschirmungen berichtet (z. B. ein zweidimensionales Removal-Diffusionsprogramm) und die mit diesen Methoden erreichbaren Genauigkeiten. Drei Arbeiten befassen sich schließlich mit „Untersuchungen über Abschirmmaterialien", dem letzten Themenkreis der Sammlung. Die Strahlenbeständigkeit von Beton und die unter Bestrahlung erfolgenden Gasfreisetzungen in Beton bzw. boriertem Polyäthylen werden in diesen Arbeiten behandelt.

Bei der Vielfalt der behandelten Themen ist es unmöglich, im Rahmen einer Rezension auf alle behandelten Fragen einzugehen. Diese Darstellung dürfte aber deutlich machen, daß das Buch eine Fülle von Anregungen und Erkenntnissen enthält, die für jeden Spezialisten wertvoll sind, der sich theoretisch, experimentell oder auch in der Praxis mit dem Strahlenschutz oder der Strahlungsabschirmung in Kernkraftwerken beschäftigt. Diesem Kreis von Fachleuten ist das sorgfältige Studium der Sammlung zu empfehlen.

F. W. Krüger

Statistical Treatment of Environmental Isotope Data in Precipitation

Technical Reports Series No. 206; STI-DOC-10/206; Vienna: IAEA 1981; 256 S., div. Abb. u. Tab.; ÖS 420.—

Seit 1969 werden von der IAEA die „Environmental Isotope Data", die Meßdaten der Umwelt-Isotope, herausgegeben, die alle weltweit gemessenen Isotopen- und Nuklidhäufigkeiten in den Niederschlägen seit 1953 zum Inhalt haben; insgesamt sind 6 Reports erschienen, der letzte, No. 6, 1979 mit den Daten von 1972—1975. Die jetzt vorliegende Schrift stellt zum ersten Mal diese Daten in Form von statistischen Auswertungen dar — ein verdienstvolles Anliegen, um mit dem Riesenfundus an Daten besser und übersichtlicher umgehen zu können.

Zunächst werden auf wenigen Seiten die δ-Werte (D und ^{18}O), der *d*-Exzeß, die verwendeten Korrelationen und gewogenen Mittelwerte definiert und daran anschließend im Hauptteil auf rund 240 Seiten jeweils für jede einzelne Station geographische Länge und Breite, Höhe über Meeresspiegel, jährlich gewogene Mittelwerte seit Anbeginn der Messungen für T, D, ^{18}O und die jährlichen Temperaturmittelwerte angegeben. Von den Korrelationen werden angegeben: monatliche TU gegen monatliche TU von Ottawa (nördliche Halbkugel) — für die südliche Halbkugel werden die Werte von Pretoria verwendet —, monatliche log TU gegen monatliche log TU von Ottawa bzw. Pretoria, dasselbe jeweils für die entsprechenden gewogenen Mittelwerte, dann die monatlichen δD- bzw. $\delta^{18}O$-Werte gegen die jeweiligen monatlichen Niederschlagsmengen bzw. Temperaturen und schließlich die monatlichen δD-Werte gegen die monatlichen $\delta^{18}O$-Werte. Diese Angaben werden natürlich ergänzt durch die Angaben der Zahl der Meßpunkte, die Standardabweichungen und den Grad der Bestimmtheiten (Quadrat des Korrelations-Koeffizienten). Am Schluß werden die Stationsnamen alphabetisch und entsprechend dem numerischen Stationsindex zusammengestellt — insgesamt 121 Stationen, die von 38 Meßlabors für T und 15 Meßlabors für D und ^{18}O betreut wurden, d. h. die mit dem IAEA/WMO-Stationsnetz kooperiert haben.

Mit dieser Schrift wurden Daten zusammengestellt und statistisch aufbereitet, wie sie kaum in einer anderen Art übersichtlicher angeboten werden können. Die Input-Größen T, D und ^{18}O in Niederschlägen sowie Startpunkte aller Umweltisotopenanwendungen in der Hydrologie können geographisch verteilt aufgefunden werden. Die Schrift ist eine sehr wertvolle und unerläßliche Datenbank für alle isotopenhydrologischen und isotopenhydrologischen Unterschungen und sollte deshalb in den zuständigen Wissenschaftlerkollektiven griffbereit zur Verfügung stehen.

H. Hübner

Lehrwerk Chemie, Arbeitsbuch 5

Elektrolytgleichgewichte und Elektrochemie

Leipzig: VEB Deutscher Verlag für Grundstoffindustrie 1980; 308 S., 64 Abb.; M 21,20 (Ausland: M 27,—)

Das Lehrwerk Chemie besteht bekanntlich aus 7 Lehrbüchern und den dazugehörigen Arbeitsbüchern. Während in den ersteren die theoretischen Grundlagen der einzelnen Teildisziplinen im Mittelpunkt stehen, enthalten die Arbeitsbücher hauptsächlich Praktikumsanleitungen, Übungsaufgaben und spezifische Problemstellungen, die den Studierenden eine vertiefte und praxisbezogene Aneignung des Lehrstoffes ermöglichen sollen. Obwohl also in erster Linie für das Chemiestudium an den Hochschulen geschaffen, ist dieses Lehrwerk nach Meinung des Rezensenten die modernste, in sich geschlossene Darstellung des gesamten Wissenschaftsgebiets Chemie und kann auch für postgraduale Studienrichtungen sowie den in der Praxis mit der Bearbeitung spezieller Fragen beschäftigten Chemikern, Physikern und Werkstofftechnikern als wertvolle Informationsquelle empfohlen werden. Dabei ist es keinesfalls erforderlich, sämtliche Bücher dieses Lehrwerkes verfügbar zu haben, wenn das anstehende Problem schon durch eine relativ schmale, aber vertiefte Bearbeitung lösbar ist. Dazu können gerade die Arbeitsbücher des Lehrwerks mit ihren zahlreichen experimentellen Details zur Erschließung origineller praktischer Lösungswege sehr nützlich sein. Das vorliegende Arbeitsbuch enthält beispielsweise zu Beginn eines jeden Kapitels eine kurze Einführung in die theoretischen Grundlagen, die für den bereits ausgebildeten Chemiker zur Auffrischung des Wissens ausreichen, um die anschließend beschriebenen Experimente nachzuvollziehen oder die gestellten Übungsaufgaben zu lösen und die gewonnenen Erkenntnisse schöpferisch auf das eigene Forschungsthema zu übertragen. Behandelt werden im einzelnen die elektrochemischen Grundlagen des Elektrolytgleichgewichts mit Aufgaben zur Potentiometrie, potentiometrischen Titration und Voltametrie sowie die Redox-, Säure—Base-, Komplex-, Fällungs-, Extraktions- und Ionenaustauschgleichgewichte. Es ist in der gegenwärtigen Form ein rundum gelungenes Werk. Wenn überhaupt ein Wunsch offen bleibt, dann vielleicht der, bei zukünftigen Neuauflagen in der Wahl der Demonstrationsbeispiele auch der wachsenden Bedeutung der Kern- und Radiochemie für die Volkswirtschaft Rechnung zu tragen. Auf den Gebieten der Uranerzaufbereitung, der Trennung von Spaltprodukten, der Isotopenproduktion und der chemischen Wiederaufarbeitung bestrahlter Kernbrennstoffe gibt es doch bereits viele klassisch gewordene Anwendungen, denen Komplex-, Extraktions- und Ionenaustauschgleichgewichte zugrunde liegen.

G. Reinhard

Informationen

IAEA. In Nummer 4/1981 der IAEA-Publikationen „Meetings on Atomic Energy" werden IAEA-Konferenzen und Symposia für das Jahr 1982 angekündigt und geplante Konferenzen bzw. Symposien für das Jahr 1983.

Von den bereits in Nummer 3/1981 mitgeteilten Treffen (Isotopenpraxis **18** (1982) 31) sind neu in den Tagungskalender aufgenommen worden:

- FAO/IAEA Seminar on the Control and/or Eradication of the Medfly by Use of the Sterile Insect Technique (SIT) as the Basis for an Integrated Post Management Programme, for developing countries in Latin America Mexico, 8—12 Mar 1982)
- Seminar on the Siting of Nuclear Power Plants, for Developing Countries in Latin America (Argentina, 1982)

Von den für das Jahr 1983 geplanten Veranstaltungen wären zu nennen:

- International Conference on Waste Management (1983)
- FAO/IAEA International Symposium on Isotope and Radiation Techniques in Soil Physics and Irrigation Studies (1983)
- International Symposium on Biological Effects on Low-Level Radiation with special regard to the Stochastic and Non-Stochastic Effects (1983)
- International Symposium on Use of Isotope Techniques in Water Resources Development (1983)
- Seminar on the Assessment of Terrestrial Transfer of Radionuclides (1983)
- Seminar on Technical and Environmental Aspects of Spent Fuel Management (1983)
- Seminar on Radiation Protection in Exploration, Mining and Milling of Radioactive Ores, for developing countries in Afrika
- Seminar on Exempt Shipment of Radioactive Material Transported by Post (1983).

G. Rodloff, E. Schoenfeld, K. Groche, H. Greupner, H. Rothe

A Simple Device for the Production of a Field of Thermal Neutrons

Isotopenpraxis 18 (1982) No. 2, p. 57 to 60
2 Fig., 2 Tab., 12 Ref.

A simple device is described, which allows the production of a field of thermal neutrons in a water bath by means of a radioactive neutron source. It served for the dissemination of the unit characterizing the density of thermal neutron flux to users in national economy, before the final flux density standard of ASMW was set to operation. Flux density was determined by means of defined gold foil activation. With cadmium ratio being 8·9 ± 0·7, the value of the "Flux density of thermal neutrons under cadmium separation energy" ranged (1·44 ± 0·04) · 10^4 $cm^{-2} s^{-1}$. The error of measurement was about 3%.

Г. Родлофф, Э. Шеньфельд, К. Грохе, Х. Гройпнер, Х. Роте

Простое устройство для создания поля тепловых нейтронов

Isotopenpraxis 28 (1982) вып. 2, стр. 57 до 60
2 рис., 2 табл., 12 лит.

Описывается простое устройство, которое позволяет с помощью радиоактивных источников нейтронов в водяной ванне создать поле тепловых нейтронов. Оно служило для передачи употребителям в народном хозяйстве единицы плотности потока тепловых нейтронов еще до ввода в эксплуатацию нормали плотности потока АСМВ. Определение плотности потока осуществлялось определенной активацией золотой фольги. При кадмиевом соотношении 8,9 ± 0,7, данное устройство дало значение „Плотность потока тепловых нейтронов под энергией выделения кадмия" в размере (1,44 ± 0,04) × 10^4 $см^{-2}$ $сек^{-1}$. Погрешность измерения составляла около 3%.

V. Bulovič, J. Krtil, F. Sus, Z. Maksimovič, E. Klosová

Determination of the Nuclear Fuel Burning Process Balance by Gamma Spectrometry of Fission Products

Part I: Determination of the Fuel Burn-up by Measuring Activities of ^{137}Cs, ^{134}Cs, and ^{106}Ru (*in English*)

Isotopenpraxis 18 (1982) No. 2, p. 61 to 64
3 Fig., 3 Tab., 8 Ref.

Possibility of the determination of the fuel burn-up of a heavy water reactor on the basis of ^{106}Ru, ^{134}Cs and ^{137}Cs activity measurement has been investigated experimentally. The experiments were performed with the fuel from the first Czechoslovak nuclear power plant A 1, which consisted of natural metalic uranium. The burn-up was determined: (1) by the investigated gamma-spectrometric procedure and (2) on the basis of the mass-spectrometric measurements of U, Pu, and Nd isotope composition and content. Both groups of the results were compared and their differences did not exceed the sum of their estimated errors.

В. Булович, И. Кртиль, Ф. Сус, Ц. Максимович, Э. Клосова

Определение баланса процесса выгорания ядерного горючего методом гамма-спектрометрии продуктов деления

Часть 1: Определение выгорания горючего путем измерения активностей по ^{137}Cs, ^{134}Cs и ^{106}Ru (*на англ. языке*)

Isotopenpraxis 18 (1982) вып. 2, стр. 61 до 64
3 рис., 3 табл., 8 лит.

Экспериментально исследовалась возможность определения горючего тяжеловодного реактора путем измерения активностей по ^{106}Ru, ^{134}Cs и ^{137}Cs. Опыты проводились на горючем первой чехословацкой атомной электростанции А 1 состоящем из металлического урана. Выгорание определялось (1) с помощью исследуемого гамма-спектрометрического метдода и (2) на основании измерения состава и содержания изотопов урана, плутония и неодима. Сравнивались обе группы результатов. Расхождения не превышали сумму предполагаемых ошибок измерения.

H. Johansen, A. Graesser

Model Calculations of Enrichment of Carbon-13 in the Products of the Multiphoton Dissociation of CF_3X Compounds

Isotopenpraxis 18 (1982) No. 2, p. 64 to 70
7 Fig., 3 Tab., 12 Ref.

Isotopic selectivity factors α ($^{13}C/^{12}C$) with respect to the multiphoton photofragmentation of CF_3Cl, CF_3Br, CF_3J are calculated within the framework of effective hamiltonian formalism and considering the geometry of irradiated volume. Especially, off-resonance energy, anharmonicity and rotational energy levels are taken into account as well as the LASER wavelength, Rabi frequency, irradiation time and temperature. Qualitative agreement with experimentally determined enrichment factors of Gauthier and co-workers is obtained [8]. The molecular vibrational energy levels are divided into two regions, characterized by differet absorption mechanisms. The isotopic selectivity is determined mainly within the lower region of discrete vibrational energy levels. Within the higher region a quasicontinuum of mixed states is assumed, composed of states of the selected molecular vibrational mode and the background states. The selectivity factors are calculated on the basis of the equivalent volumes of molecules reacted per pulse [9–11].

Х. Йохансен, А. Грессер

Модельные расчеты по обогащению ^{13}C в продуктах диссоциации мультифотонов молекул CF_3X

Isotopenpraxis 18 (1982) вып. 2, стр. 64 до 70
7 рис., 3 табл., 12 лит.

В рамках гамильтоновского формализма и с учетом конкретной геометрии облучаемого объема расчетом определяются коэффициенты изотопной селективности α($^{13}C/^{12}C$) в отношении фоторасщепления мультифотонов CF_3Cl, CF_3Br и CF_3J. В расчете в частности учитываются расстройка между частотой пригодной формы нормальных колебаний молекулы и фоточастотой, негармонность, энергетические уровни вращательного колебания, лазерная линия, магнитнорезонансная частота, время импульса и температура. Оказалось хорошее качественное соответствие с экспериментальными результатами Готье и др. [8]. Энергетические уровни колебания молекул подразделяются на два участка, внутри которых принимаются различные механизмы поглощения. Изотопная селективность в основном определяется в нижнем участке дискретных энергетических уровней колебания. Выше этого принимается квазиконтинуум смешанных состояний, которые состоят из состояний выбранных форм колебаний и фоновых состояний. Коэффициенты селективности определяются посредством объемов реагирующих на каждый импульс молекул [9–11].

S. Becker, H.-J. Dietze

Investigation of Thermal Surface Ionization of Elements

Part II: Analysis of Molybdenum Isotopes Performed on Selected Minerals

Isotopenpraxis 18 (1982) No. 2, p. 70 to 73
4 Fig., 1 Tab., 8 Ref.

An analytic method for the mass-spectrometric determination of the abundance of molybdenum isotopes is described. The abundance of molybdenum isotopes was determined on three molybdenum minerals with comparison of the results of measurements to those of other authors. The results obtained showed that the mass spectrometers at

С. Беккер, Х.-И. Дийтце

Исследования по термической ионизации поверхности тугоионизируемых элементов

IIое сообщение: Анализ изотопов молибдена на выбранных минералах

Isotopenpraxis 18 (1982), вып. 2, стр. 70 до 73
4 рис., 1 табл., 8 лит.

Описывается метод выполнения анализов по масс-спектрометрическому определению распространенности изотопов молибдена. Были определены распространенности изотопов трех выбранных молибденовых минералов со сравнением результатов измерений с резульpresent available do not allow to measure fine variations of molybdenum content in natural minerals.

татами других авторов. Результаты измерений показали, что имеющиеся в настоящее время в распоряжении масс-спектрометры не позволяют определить измерением тонкие вариации молибдена в естественных минералах.

H. Peschke

Directive ^{15}N Enrichment of Organic Fertilizers for Experimental Purposes

Part I: Production of Fodder Labelled ^{15}N

Isotopenpraxis 18 (1982) No. 2, p. 73 to 75
– Fig., 5 Tab., 2 Ref.

In order to get organic fertilizer labelled ^{15}N, the application of fodder enriched with ^{15}N is necessary. Using $^{15}NH_4\,^{15}NO_3$ with a relative ^{15}N abundance of 50 atom % as a fertilizer, beets ,hay and both oats grain and straw are prepared on the basis of previous calculation for experimental feeding of a dairy cow. As a result of ^{15}N dilution and loss of N out of the 105·5 g of ^{15}N applied to the fertilizer 44·0 g of ^{15}N are contained in the fodder used for the experiment and the production of liquid manure.

Х. Пешке

Направленное обогащение ^{15}N органического одобрения для экспериментальных целей

I-ое сообщение: Получение меченого ^{15}N корма

Isotopenpraxis 18 (1982) вып. 2, стр. 73 до 75
– рис., 5 табл., 2 лит.

Для получения меченого ^{14}N органического одобрения животного происхождения необходимо предостави ть обогащенный ^{5}N корм. Используя $^{15}NH_4\,^{15}NO_3$ с относительной распространенностью ^{15}N в 50 атомных % в качестве одобрения, свеклы, сено, а также овсяное зерно и солома на основании предварительного расчетного определения приготавливается в виде суточной порции для экспериментального кормления дойной коровы. В результате разбавления ^{15}N и потерь азота из поданных 105,5 *гр* ^{15}N одобрения в кроме имеются еще 44,0 *гр* ^{15}N для эксперимента и для получения навеной жижи.

Information

Isotopenpraxis 18 (1982) No. 2, p. 80

Новости

Isotopenpraxis **18** (1982) вып. 2, стр. 80

New Books

Isotopenpraxis 18 (1982) No. 2, p. 75 to 80

Новая литература

Isotopenpraxis 18 (1982) вып. 2, стр. 75 до 80

(Fortsetzung des Inhaltsverzeichnisses)

S. Becker, H.-J. Dietze

Untersuchungen zur thermischen Oberflächenionisation von schwerionisierbaren Elementen

II. Mitt. Molybdän-Isotopenanalyse an ausgewählten Mineralen

Isotopenpraxis 18 (1982) H. 2, S. 70 bis 73
4 Abb., 1 Tab., 8 Lit.

Es wird ein Analysenverfahren zur massenspektrometrischen Bestimmung von Isotopenhäufigkeiten des Molybdäns beschrieben. Die Molybdän-Isotopenhäufigkeiten von drei ausgewählten Molybdänmineralen wurden bestimmt und die Meßergebnisse mit denen anderer Autoren verglichen. Die Meßergebnisse zeigen, daß Feinvariationen des Molybdäns in natürlichen Mineralen mit den derzeitig zur Verfügung stehenden Massenspektrometern nicht gemessen werden können.

H. Peschke

Gezielte ^{15}N-Anreicherung von organischen Düngemitteln für Versuchszwecke

I. Mitt. Gewinnung von ^{15}N-markierten Futtermitteln

Isotopenpraxis 18 (1982) H. 2, S. 73 bis 75
– Abb., 5 Tab., 2 Lit.

Zur Herstellung ^{15}N-markierter organischer Dünger tierischer Herkunft ist vorab die Produktion ^{15}N-angereicherter Futtermittel erforderlich. Unter Verwendung von $^{15}NH_4\,^{15}NO_3$ mit einer relativen ^{15}N-Häufigkeit von 50 Atom-% als Düngemittel werden Rüben, Weidelgrasheu sowie Haferkorn und -stroh als eine komplette Tagesration für einen Fütterungsversuch mit einer Milchkuh auf der Grundlage vorher notwendiger Kalkulationen erzeugt. Im Ergebnis von ^{15}N-Verdünnung und N-Schwund stehen von den eingesetzten 105,5 g ^{15}N im Düngemittel noch 44,0 g ^{15}N im Futter für den Tierversuch und die Kot-Harn-Gewinnung zur Verfügung.

Informationen

Isotopenpraxis 18 (1982) H. 2, S. 80

Buchbesprechungen

Isotopenpraxis 18 (1982) H. 2, S. 75 bis 80

Contents of this Issue

FSC
www.fsc.org
MIX
Papier | Fördert gute Waldnutzung
FSC® C083411

Kolibri 360 GmbH
Ferdinand-Jühlke-Straße 7
99095 Erfurt, Deutschland
produktsicherheit@kolibri360.de